풍산자 연산

초등 연산의 모든 것

초등 **수학** 2-2

구성과 특징

1일차 학습 주제별 연산 문제를 풍부하게 제공합니다.

주제별 알아야 하는 개념을 살펴봐요.　　　　　　　　　　　　많은 문제로 연산을 연습해요.

01일차　　**1. 천, 몇천 알아보기**　　　　　　　학습 날짜:　월　일　정답 2쪽

100이 10개인 수
쓰기 1000　읽기 천

1000이 4개인 수
쓰기 4000　읽기 사천

◻ 안에 알맞은 수나 말을 써넣으세요.

1 990보다 10만큼 더 큰 수는 1000이고, □이라고 읽습니다.

2 1000이 3개인 수는 □입니다.
> 1000이 ★개인 수는 ★000이에요!

3 1000이 6개인 수는 □입니다.

4 □은 999보다 1만큼 더 큰 수입니다.

5 995보다 5만큼 더 큰 수는 □입니다.

6 980보다 20만큼 더 큰 수는 □입니다.

7 1000은 900보다 □만큼 더 큰 수입니다.

8 950보다 □만큼 더 큰 수는 1000입니다.

9 100이 □개인 수는 1000이고, □이라고 읽습니다.

10 700보다 300만큼 더 큰 수는 □이고, □이라고 읽습니다.

11 1000이 9개인 수는 □이고, □이라고 읽습니다.

12 8000은 1000이 □개이고, □이라고 읽습니다.

8 풍산자 연산 2-2

🔢 수를 읽어 보세요.

13 2000　읽기 (　　　)

14 6000　읽기 (　　　)

15 1000　읽기 (　　　)

16 7000　읽기 (　　　)

17 8000　읽기 (　　　)

18 4000　읽기 (　　　)

19 5000　읽기 (　　　)

🔢 수를 써 보세요.

20 구천　쓰기 (　　　)

21 육천　쓰기 (　　　)

22 오천　쓰기 (　　　)

23 칠천　쓰기 (　　　)

24 삼천　쓰기 (　　　)

25 사천　쓰기 (　　　)

26 이천　쓰기 (　　　)

맞힌 개수	나의 학습 결과에 ○표 하세요.				QR 빠른정답 확인
개 / 26개	맞힌 개수	0~3개	4~13개	14~23개	24~26개
	학습 방법	다시 한번 풀어 봐요.	개념 연습이 필요해요.	틀린 문제를 확인해요.	실수하지 않도록 집중해요.

1. 네 자리 수 9

학습 결과를 스스로 확인해요.　　　　　　QR로 간편하게 정답을 확인해요.

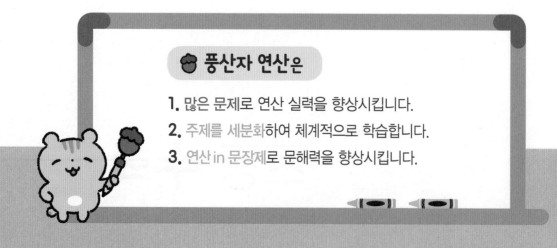

🌰 풍산자 연산은

1. 많은 문제로 연산 실력을 향상시킵니다.
2. 주제를 세분화하여 체계적으로 학습합니다.
3. 연산 in 문장제로 문해력을 향상시킵니다.

연산을 반복 연습하고, 문장제에 적용하도록 구성했습니다.

반복 연습으로 연산 실력을 키워요.

문장제로 문해력과 연산 실력을 함께 키워요.

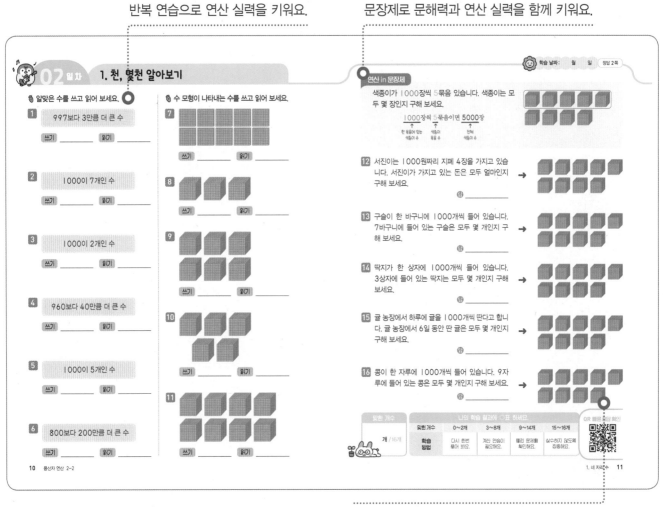

연산 도구로 문장제 속 연산을 정확하게 해결해요.

연산&문장제 마무리

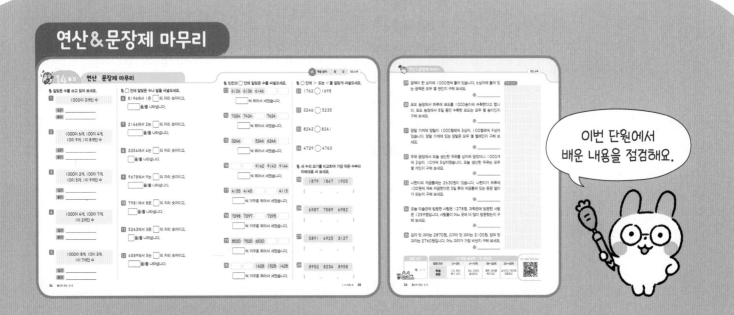

이번 단원에서
배운 내용을 점검해요.

차례

1

네 자리 수

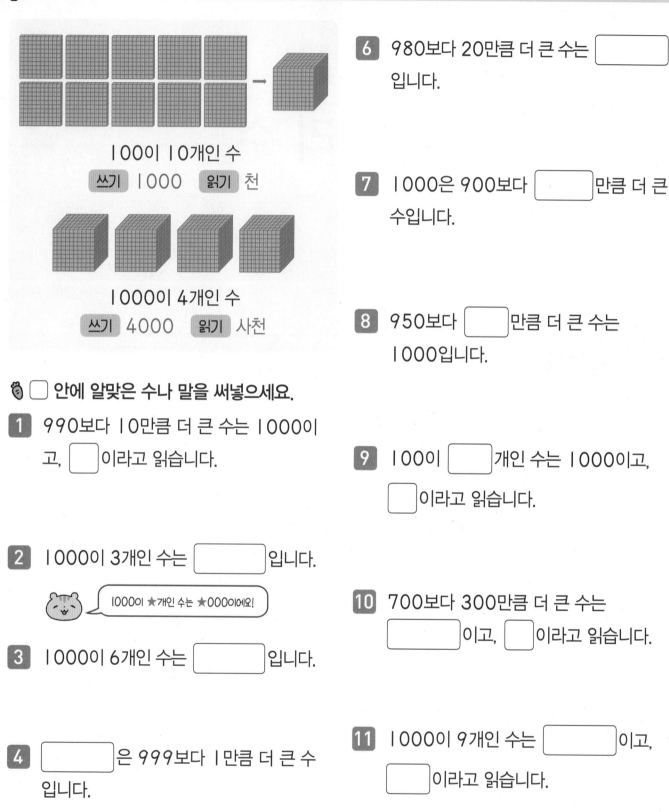

100이 10개인 수

쓰기 1000　읽기 천

1000이 4개인 수

쓰기 4000　읽기 사천

🥕 ⬜ 안에 알맞은 수나 말을 써넣으세요.

1 990보다 10만큼 더 큰 수는 1000이고, ⬜ 이라고 읽습니다.

2 1000이 3개인 수는 ⬜ 입니다.

> 💬 1000이 ★개인 수는 ★000이에요!

3 1000이 6개인 수는 ⬜ 입니다.

4 ⬜ 은 999보다 1만큼 더 큰 수 입니다.

5 995보다 5만큼 더 큰 수는 ⬜ 입니다.

6 980보다 20만큼 더 큰 수는 ⬜ 입니다.

7 1000은 900보다 ⬜ 만큼 더 큰 수입니다.

8 950보다 ⬜ 만큼 더 큰 수는 1000입니다.

9 100이 ⬜ 개인 수는 1000이고, ⬜ 이라고 읽습니다.

10 700보다 300만큼 더 큰 수는 ⬜ 이고, ⬜ 이라고 읽습니다.

11 1000이 9개인 수는 ⬜ 이고, ⬜ 이라고 읽습니다.

12 8000은 1000이 ⬜ 개인 수이고, ⬜ 이라고 읽습니다.

수를 읽어 보세요.

13

2000

읽기 (　　　　　　　　　)

14

6000

읽기 (　　　　　　　　　)

15

1000

읽기 (　　　　　　　　　)

16

7000

읽기 (　　　　　　　　　)

17

8000

읽기 (　　　　　　　　　)

18

4000

읽기 (　　　　　　　　　)

19

5000

읽기 (　　　　　　　　　)

수를 써 보세요.

20

구천

쓰기 (　　　　　　　　　)

21

육천

쓰기 (　　　　　　　　　)

22

오천

쓰기 (　　　　　　　　　)

23

칠천

쓰기 (　　　　　　　　　)

24

삼천

쓰기 (　　　　　　　　　)

25

사천

쓰기 (　　　　　　　　　)

26

이천

쓰기 (　　　　　　　　　)

맞힌 개수	나의 학습 결과에 ○표 하세요.				QR 빠른정답 확인
	맞힌 개수	0~3개	4~13개	14~23개	24~26개
개 /26개	학습 방법	다시 한번 풀어 봐요.	계산 연습이 필요해요.	틀린 문제를 확인해요.	실수하지 않도록 집중해요.

🥕 알맞은 수를 쓰고 읽어 보세요.

1 997보다 3만큼 더 큰 수

쓰기 _____ 읽기 _____

2 1000이 7개인 수

쓰기 _____ 읽기 _____

3 1000이 2개인 수

쓰기 _____ 읽기 _____

4 960보다 40만큼 더 큰 수

쓰기 _____ 읽기 _____

5 1000이 5개인 수

쓰기 _____ 읽기 _____

6 800보다 200만큼 더 큰 수

쓰기 _____ 읽기 _____

🥕 수 모형이 나타내는 수를 쓰고 읽어 보세요.

7
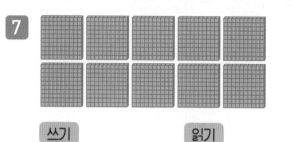

쓰기 _____ 읽기 _____

8
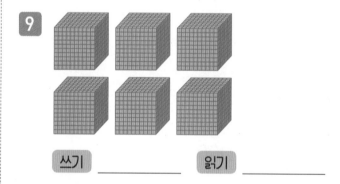

쓰기 _____ 읽기 _____

9
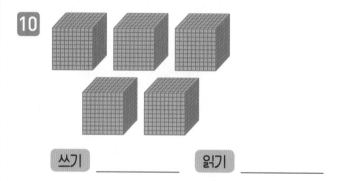

쓰기 _____ 읽기 _____

10
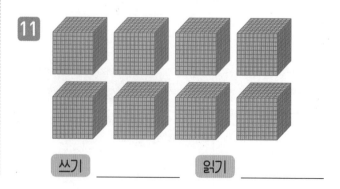

쓰기 _____ 읽기 _____

11

쓰기 _____ 읽기 _____

연산 in 문장제

색종이가 1000장씩 5묶음 있습니다. 색종이는 모두 몇 장인지 구해 보세요.

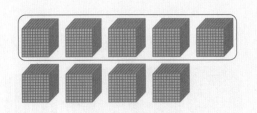

1000장씩 5묶음이면 5000장

↑ 한 묶음에 있는 색종이 수　　↑ 색종이 묶음 수　　↑ 전체 색종이 수

---

12 서진이는 1000원짜리 지폐 4장을 가지고 있습니다. 서진이가 가지고 있는 돈은 모두 얼마인지 구해 보세요.

답 _____

→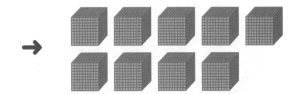

---

13 구슬이 한 바구니에 1000개씩 들어 있습니다. 7바구니에 들어 있는 구슬은 모두 몇 개인지 구해 보세요.

답 _____

→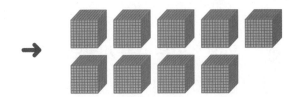

---

14 딱지가 한 상자에 1000개씩 들어 있습니다. 3상자에 들어 있는 딱지는 모두 몇 개인지 구해 보세요.

답 _____

→

---

15 귤 농장에서 하루에 귤을 1000개씩 딴다고 합니다. 귤 농장에서 6일 동안 딴 귤은 모두 몇 개인지 구해 보세요.

답 _____

→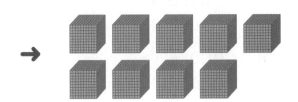

---

16 콩이 한 자루에 1000개씩 들어 있습니다. 9자루에 들어 있는 콩은 모두 몇 개인지 구해 보세요.

답 _____

→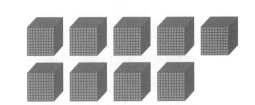

맞힌 개수	나의 학습 결과에 ○표 하세요.				QR 빠른정답 확인
	맞힌 개수	0~2개	3~8개	9~14개	15~16개	
개 /16개	학습 방법	다시 한번 풀어 봐요.	계산 연습이 필요해요.	틀린 문제를 확인해요.	실수하지 않도록 집중해요.	

2. 네 자리 수 알아보기

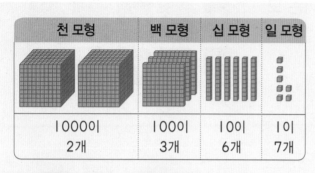

천 모형	백 모형	십 모형	일 모형
1000이 2개	100이 3개	10이 6개	1이 7개

쓰기 2367   읽기 이천삼백육십칠

1000이 ●개, 100이 ★개, 10이 ■개, 1이 ▲개인 수는 ●★■▲예요.

👆 ☐ 안에 알맞은 수를 써넣으세요.

1
1000이 3개
100이 4개
10이 8개
1이 2개

2
1000이 1개
100이 7개
10이 5개
1이 2개

3
1000이 6개
100이 3개
10이 4개
1이 9개

4
1000이 4개
100이 8개
10이 7개
1이 3개

5
1000이 5개
100이 1개
10이 6개
1이 4개

6
1000이 1개
100이 3개
10이 5개
1이 7개

7
1000이 8개
100이 6개
10이 4개
1이 1개

8
1000이 3개
100이 0개
10이 5개
1이 4개

9
1000이 7개
100이 9개
10이 0개
1이 3개

10
1000이 9개
100이 8개
10이 5개
1이 0개

11
1000이 5개
100이 7개
10이 3개
1이 4개

12
1000이 2개
100이 4개
10이 0개
1이 8개

수를 읽어 보세요.

13 1892

읽기 ( )

14 2734

읽기 ( )

15 5293

읽기 ( )

16 6125

읽기 ( )

17 7186

읽기 ( )

18 4912

읽기 ( )

19 3384

읽기 ( )

수를 써 보세요.

20 구천이백삼십사

쓰기 ( )

21 삼천사백오십팔

쓰기 ( )

22 이천오백육십구

쓰기 ( )

23 천백사십육

쓰기 ( )

24 칠천삼백구십이

쓰기 ( )

25 사천이백오십삼

쓰기 ( )

26 팔천이백육십칠

쓰기 ( )

맞힌 개수	나의 학습 결과에 ○표 하세요.				
	맞힌 개수	0~3개	4~13개	14~23개	24~26개
개 / 26개	학습 방법	다시 한번 풀어 봐요.	계산 연습이 필요해요.	틀린 문제를 확인해요.	실수하지 않도록 집중해요.

QR 빠른정답 확인

2. 네 자리 수 알아보기

🥕 알맞은 수를 쓰고 읽어 보세요.

1
> 1000이 6개, 100이 9개,
> 10이 8개, 1이 3개인 수

쓰기 _____

읽기 _____

2
> 1000이 8개, 100이 6개,
> 10이 1개, 1이 2개인 수

쓰기 _____

읽기 _____

3
> 1000이 9개, 100이 7개,
> 10이 3개, 1이 9개인 수

쓰기 _____

읽기 _____

4
> 1000이 5개, 100이 2개,
> 10이 6개인 수

쓰기 _____

읽기 _____

5
> 1000이 7개, 10이 8개,
> 1이 6개인 수

쓰기 _____

읽기 _____

🥕 수 모형이 나타내는 수를 쓰고 읽어 보세요.

6

쓰기 _____

읽기 _____

7

쓰기 _____

읽기 _____

8

쓰기 _____

읽기 _____

9

쓰기 _____

읽기 _____

10

쓰기 _____

읽기 _____

연산 in 문장제

놀이공원에 입장한 사람 수를 세어 보니 1000명씩 6번, 100명씩 2번, 10명씩 5번, 1명씩 3번이었습니다. 놀이공원에 입장한 사람은 모두 몇 명인지 구해 보세요.

1000	6개
100	2개
10	5개
1	3개

1000이 6개, 100이 2개, 10이 5개, 1이 3개인 수는 6253(명)

　↑　　　　↑　　　　↑　　　↑　　　　　↑
1000의 개수　100의 개수　10의 개수　1의 개수　놀이공원에 입장한 사람 수

11 성현이는 학용품을 사면서 천 원짜리 지폐 4장, 백 원짜리 동전 6개, 십 원짜리 동전 5개를 냈습니다. 성현이가 낸 돈은 모두 얼마인지 구해 보세요.

답 _____

1000	개
100	개
10	개
1	개

12 산에 있는 나무를 세어 보니 1000그루씩 2번, 100그루씩 7번, 10그루씩 5번, 1그루씩 8번이었습니다. 산에 있는 나무는 모두 몇 그루인지 구해 보세요.

답 _____

1000	개
100	개
10	개
1	개

13 문구점에 색연필이 1000자루씩 1묶음, 100자루씩 8묶음, 10자루씩 9묶음 있습니다. 문구점에 있는 색연필은 모두 몇 자루인지 구해 보세요.

답 _____

1000	개
100	개
10	개
1	개

14 공장에서 인형을 1000개씩 5상자, 100개씩 8상자, 10개씩 2상자로 포장하였더니 1개가 남았습니다. 인형은 모두 몇 개인지 구해 보세요.

답 _____

1000	개
100	개
10	개
1	개

15 농장에서 올해 수확한 고구마는 1000개씩 3상자, 100개씩 2상자, 1개씩 6개입니다. 농장에서 올해 수확한 고구마는 모두 몇 개인지 구해 보세요.

답 _____

1000	개
100	개
10	개
1	개

맞힌 개수	나의 학습 결과에 ○표 하세요.			
맞힌 개수	0~2개	3~7개	8~13개	14~15개
학습 방법	다시 한번 풀어 봐요.	계산 연습이 필요해요.	틀린 문제를 확인해요.	실수하지 않도록 집중해요.

개 /15개

QR 빠른정답 확인

3. 각 자리의 숫자가 나타내는 값 알아보기

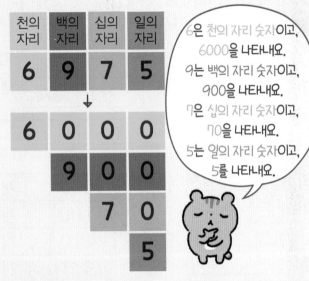

6975 = 6000 + 900 + 70 + 5

🥕 ☐ 안에 알맞은 수를 써넣으세요.

1

8272

1000이 8개	100이 ☐개	10이 ☐개	1이 ☐개
8000			

8272 = 8000 + ☐ + ☐ + ☐

 숫자가 같더라도 그 숫자의 자리에 따라 나타내는 값이 달라질 수 있어요.

2

2416

1000이 2개	100이 ☐개	10이 ☐개	1이 ☐개
2000			

2416 = 2000 + ☐ + ☐ + ☐

3

4825

1000이 ☐개	100이 ☐개	10이 ☐개	1이 ☐개

4825 = ☐ + ☐ + ☐ + ☐

4

5137

1000이 ☐개	100이 ☐개	10이 ☐개	1이 ☐개

5137 = ☐ + ☐ + ☐ + ☐

5

7218

1000이 ☐개	100이 ☐개	10이 ☐개	1이 ☐개

7218 = ☐ + ☐ + ☐ + ☐

6

3834

1000이 ☐개	100이 ☐개	10이 ☐개	1이 ☐개

3834 = ☐ + ☐ + ☐ + ☐

7

7465
- 7은 7000을 나타냅니다.
- 4는 [ ]을/를 나타냅니다.
- 6은 [ ]을/를 나타냅니다.
- 5는 [ ]을/를 나타냅니다.

8

9312
- 9는 9000을 나타냅니다.
- 3은 [ ]을/를 나타냅니다.
- 1은 [ ]을/를 나타냅니다.
- 2는 [ ]을/를 나타냅니다.

9

6183
- 6은 6000을 나타냅니다.
- 1은 [ ]을/를 나타냅니다.
- 8은 [ ]을/를 나타냅니다.
- 3은 [ ]을/를 나타냅니다.

10

1359
- 1은 [ ]을/를 나타냅니다.
- 3은 [ ]을/를 나타냅니다.
- 5는 [ ]을/를 나타냅니다.
- 9는 [ ]을/를 나타냅니다.

11

8217
- 8은 [ ]을/를 나타냅니다.
- 2는 [ ]을/를 나타냅니다.
- 1은 [ ]을/를 나타냅니다.
- 7은 [ ]을/를 나타냅니다.

🥕 빈칸에 알맞은 숫자를 써넣으세요.

12 천팔백오십삼

천의 자리	백의 자리	십의 자리	일의 자리

13 이천삼백육십칠

천의 자리	백의 자리	십의 자리	일의 자리

14 삼천백오십구

천의 자리	백의 자리	십의 자리	일의 자리

15 구천삼백칠십사

천의 자리	백의 자리	십의 자리	일의 자리

16 사천칠백육십오

천의 자리	백의 자리	십의 자리	일의 자리

맞힌 개수

개 / 16개

나의 학습 결과에 ○표 하세요.

맞힌 개수	0~2개	3~8개	9~14개	15~16개
학습 방법	다시 한번 풀어 봐요.	계산 연습이 필요해요.	틀린 문제를 확인해요.	실수하지 않도록 집중해요.

QR 빠른 정답 확인

3. 각 자리의 숫자가 나타내는 값 알아보기

🥕 ☐ 안에 알맞은 수를 써넣으세요.

1 2516
$= 2000 + 500 + \boxed{} + 6$

2 3727
$= 3000 + \boxed{} + 20 + 7$

3 4321
$= \boxed{} + 300 + 20 + 1$

4 5283
$= 5000 + 200 + \boxed{} + 3$

5 1597
$= 1000 + \boxed{} + 90 + 7$

6 7148
$= \boxed{} + 100 + 40 + 8$

7 6645
$= 6000 + 600 + 40 + \boxed{}$

🥕 밑줄 친 숫자가 얼마를 나타내는지 써 보세요.

8 3<u>6</u>58
➡ ☐

9 <u>4</u>213
➡ ☐

10 73<u>4</u>8
➡ ☐

11 <u>2</u>581
➡ ☐

12 6<u>2</u>34
➡ ☐

13 110<u>7</u>
➡ ☐

14 <u>5</u>742
➡ ☐

15 423<u>5</u>
➡ ☐

16 29<u>8</u>3
➡ ☐

17 <u>9</u>548
➡ ☐

18 5<u>8</u>37
➡ ☐

19 81<u>3</u>6
➡ ☐

20 68<u>1</u>4
➡ ☐

21 759<u>6</u>
➡ ☐

🐿 ☐ 안에 알맞은 수나 말을 써넣으세요.

22 2965에서 6은 ☐의 자리 숫자이고,

☐ 을/를 나타냅니다.

23 3874에서 8은 ☐의 자리 숫자이고,

☐ 을/를 나타냅니다.

24 5124에서 2는 ☐의 자리 숫자이고,

☐ 을/를 나타냅니다.

25 6731에서 6은 ☐의 자리 숫자이고,

☐ 을/를 나타냅니다.

26 7123에서 1은 ☐의 자리 숫자이고,

☐ 을/를 나타냅니다.

27 9346에서 3은 ☐의 자리 숫자이고,

☐ 을/를 나타냅니다.

28 5987에서 5는 ☐의 자리 숫자이고,

☐ 을/를 나타냅니다.

29 6598에서 8은 ☐의 자리 숫자이고,

☐ 을/를 나타냅니다.

30 8572에서 2는 ☐의 자리 숫자이고,

☐ 을/를 나타냅니다.

31 7513에서 1은 ☐의 자리 숫자이고,

☐ 을/를 나타냅니다.

32 4512에서 5는 ☐의 자리 숫자이고,

☐ 을/를 나타냅니다.

33 1249에서 9는 ☐의 자리 숫자이고,

☐ 을/를 나타냅니다.

34 3765에서 7은 ☐의 자리 숫자이고,

☐ 을/를 나타냅니다.

35 2419에서 4는 ☐의 자리 숫자이고,

☐ 을/를 나타냅니다.

맞힌 개수	나의 학습 결과에 ○표 하세요.				
	맞힌 개수	0~3개	4~17개	18~32개	33~35개
개 /35개	학습 방법	다시 한번 풀어 봐요.	계산 연습이 필요해요.	틀린 문제를 확인해요.	실수하지 않도록 집중해요.

QR 빠른정답 확인

4. 뛰어 세기

+1 9996 → +1 9997 → +1 9998 → 9999

1000씩 뛰어서 세면 천의 자리 수가 1씩 커지고,
100씩 뛰어서 세면 백의 자리 수가 1씩 커지고,
10씩 뛰어서 세면 십의 자리 수가 1씩 커지고,
1씩 뛰어서 세면 일의 자리 수가 1씩 커져요.

🥕 1000씩 뛰어서 세어 보세요.

1 1000 3000 ☐
      2000 ☐

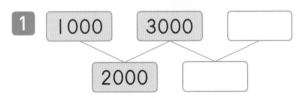

2 2100 ☐ 6100
      3100 ☐

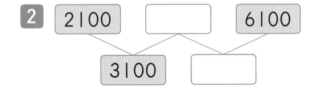

3 3610 5610 7610
      ☐ ☐

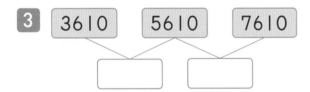

4 ☐ 7486 9486
      ☐ 8486

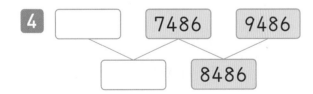

5 ☐ 6657 ☐
      5657 ☐

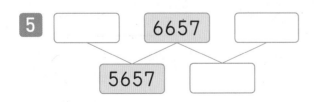

🥕 100씩 뛰어서 세어 보세요.

6 6120 6320 ☐
      6220 ☐

7 2455 ☐ 2855
      2555 ☐

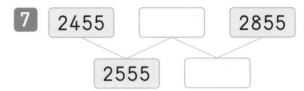

8 5342 5542 5742
      ☐ ☐

9 1589 1789 ☐
      ☐ 1889

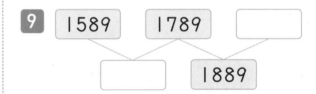

10 5012 ☐ ☐
      5112 5312

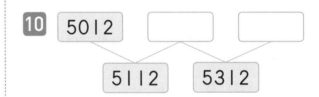

11 ☐ 9434 ☐
      9334 ☐

12 7093 ☐ ☐
      7193 ☐

🥕 10씩 뛰어서 세어 보세요.

13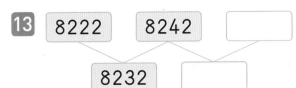

8222 8242 ☐
8232 ☐

14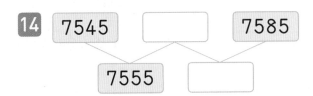

7545 ☐ 7585
7555 ☐

15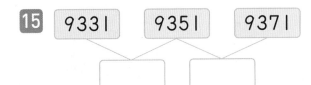

9331 9351 9371
☐ ☐

16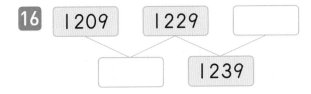

1209 1229 ☐
☐ 1239

17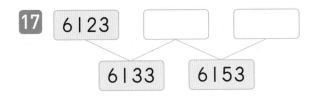

6123 ☐ ☐
6133 6153

18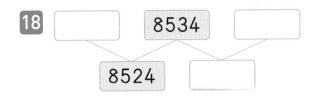

☐ 8534 ☐
8524 ☐

19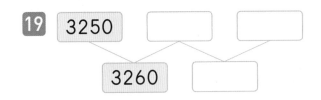

3250 ☐ ☐
3260 ☐

🥕 1씩 뛰어서 세어 보세요.

20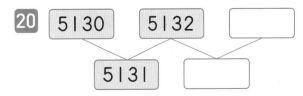

5130 5132 ☐
5131 ☐

21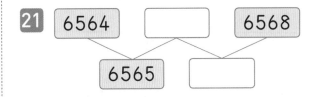

6564 ☐ 6568
6565 ☐

22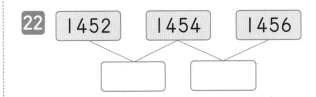

1452 1454 1456
☐ ☐

23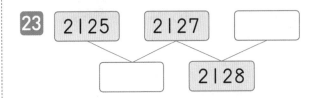

2125 2127 ☐
☐ 2128

24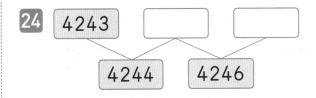

4243 ☐ ☐
4244 4246

25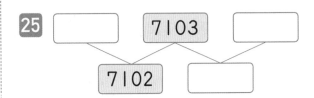

☐ 7103 ☐
7102 ☐

26

8492 ☐ ☐
8493 ☐

맞힌 개수	나의 학습 결과에 ○표 하세요.			
개 /26개	맞힌 개수	0~3개	4~13개	14~23개	24~26개
	학습 방법	다시 한번 풀어 봐요.	계산 연습이 필요해요.	틀린 문제를 확인해요.	실수하지 않도록 집중해요.

QR 빠른 정답 확인

1. 네 자리 수 **21**

08 일차   4. 뛰어 세기

🥕 ☐ 안에 알맞은 수를 써넣으세요.

1
| 9995 | 9997 | 9999 |

9996   9998

☐ 씩 뛰어서 세었습니다.

2
| 1232 | 1432 | 1632 |

1332   1532

☐ 씩 뛰어서 세었습니다.

3
| 8631 | 8651 | 8671 |

8641   8661

☐ 씩 뛰어서 세었습니다.

4
| 1234 | 3234 | 5234 |

2234   4234

☐ 씩 뛰어서 세었습니다.

5
| 6014 | 6214 | 6414 |

6114   6314

☐ 씩 뛰어서 세었습니다.

6
| 2958 | 4958 | 6958 |

3958   5958

☐ 씩 뛰어서 세었습니다.

7
| 3600 | 3400 | 3200 |

3500   3300

☐ 씩 거꾸로 뛰어서 세었습니다.

8
| 7291 | 7271 | 7251 |

7281   7261

☐ 씩 거꾸로 뛰어서 세었습니다.

9
| 5925 | 3925 | 1925 |

4925   2925

☐ 씩 거꾸로 뛰어서 세었습니다.

10
| 4917 | 4915 | 4913 |

4916   4914

☐ 씩 거꾸로 뛰어서 세었습니다.

11
| 3826 | 3626 | 3426 |

3726   3526

☐ 씩 거꾸로 뛰어서 세었습니다.

12
| 9845 | 7845 | 5845 |

8845   6845

☐ 씩 거꾸로 뛰어서 세었습니다.

규칙을 찾아 빈칸에 알맞은 수를 써넣으세요.

13 4421 6421 □ / 5421 □
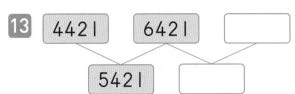

20 3485 3285 □ / 3385 □
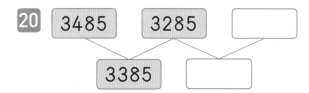

14 2343 □ □ / 2353 2373
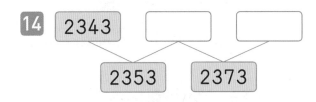

21 6291 □ 6251 / 6281 □
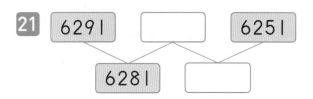

15 5230 5430 □ / □ 5530
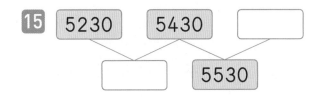

22 8039 6039 □ / □ 5039
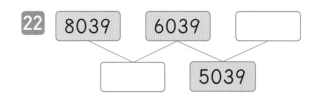

16 □ 6237 6257 / □ 6247
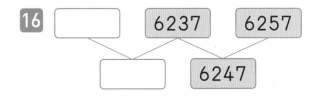

23 □ 4644 4642 / □ 4643
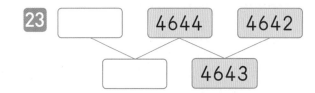

17 □ 4059 □ / □ 5059
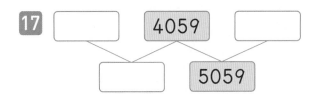

24 □ 9856 □ / □ 9846
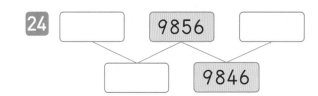

18 □ 1467 □ / 1367 □
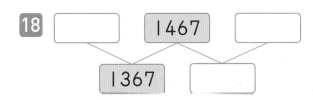

25 □ 7208 □ / 7308 □
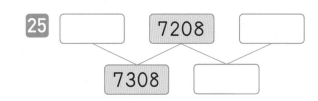

19 3232 3234 □ / □ □
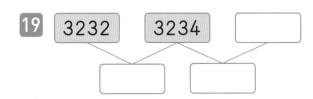

26 8370 6370 □ / □ □

4. 뛰어 세기

🥕 빈칸과 ☐ 안에 알맞은 수를 써넣으세요.

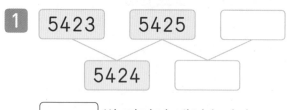
1 5423 5425 [ ]
     5424 [ ]
[ ] 씩 뛰어서 세었습니다.

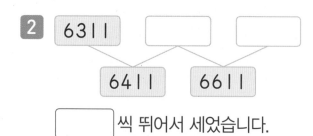
2 6311 [ ] [ ]
     6411 6611
[ ] 씩 뛰어서 세었습니다.

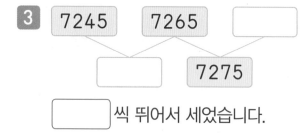
3 7245 7265 [ ]
     [ ] 7275
[ ] 씩 뛰어서 세었습니다.

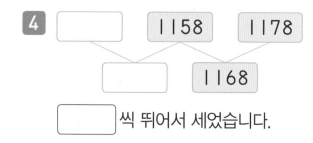
4 [ ] 1158 1178
     [ ] 1168
[ ] 씩 뛰어서 세었습니다.

5 [ ] [ ] 6176
     3176 [ ]
[ ] 씩 뛰어서 세었습니다.

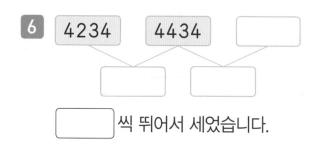
6 4234 4434 [ ]
     [ ] [ ]
[ ] 씩 뛰어서 세었습니다.

7 7292 [ ] [ ]
     6292 4292
[ ] 씩 거꾸로 뛰어서 세었습니다.

8 2048 2046 [ ]
     [ ] 2045
[ ] 씩 거꾸로 뛰어서 세었습니다.

9 [ ] 5656 5636
     [ ] 5646
[ ] 씩 거꾸로 뛰어서 세었습니다.

10 [ ] 7876 [ ]
      [ ] 6876
[ ] 씩 거꾸로 뛰어서 세었습니다.

11 [ ] 8406 [ ]
      8407 [ ]
[ ] 씩 거꾸로 뛰어서 세었습니다.

12 9672 9472 [ ]
      [ ] [ ]
[ ] 씩 거꾸로 뛰어서 세었습니다.

연산 in 문장제

공장에 바지가 2570벌이 있습니다. 공장에서 하루에 바지를 1000벌씩 계속 만든다면 4일 후에 공장에 있는 바지는 모두 몇 벌이 되는지 구해 보세요.

1000씩 뛰어서 세면 천의 자리 수가 1씩 커져요.

1000씩 뛰어서 세기

2570 — 3570 — 4570 — 5570 — 6570 (벌)

뛰어 세기를 시작한 수 | 1일 후 | 2일 후 | 3일 후 | 4일 후 | 공장에 있는 바지 수

뛰어 세기를 한 횟수

---

13 민기의 통장에는 5월에 3850원이 있습니다. 민기가 한 달에 1000원씩 계속 저금한다면 8월에 통장에 있는 돈은 모두 얼마가 되는지 구해 보세요.

→ ☐ — ☐ — ☐ — ☐ — ☐ — ☐

답 _____

14 과일 가게에서 어제까지 판매한 자두는 1250개입니다. 과일 가게에서 오늘 자두를 10개씩 4봉지 더 팔았다면 오늘까지 판매한 자두는 모두 몇 개인지 구해 보세요.

→ ☐ — ☐ — ☐ — ☐ — ☐ — ☐

답 _____

15 윤재가 오늘까지 읽은 책은 모두 1300쪽입니다. 윤재가 내일부터 책을 매일 100쪽씩 읽는다면 2일 후에는 모두 몇 쪽을 읽게 되는지 구해 보세요.

→ ☐ — ☐ — ☐ — ☐ — ☐ — ☐

답 _____

16 색종이 3372장이 들어 있는 상자에 색종이를 1장씩 5번 더 넣었습니다. 상자에 들어 있는 색종이는 모두 몇 장인지 구해 보세요.

→ ☐ — ☐ — ☐ — ☐ — ☐ — ☐

답 _____

맞힌 개수	나의 학습 결과에 ○표 하세요.				QR 빠른정답 확인
	맞힌 개수	0~2개	3~8개	9~14개	15~16개	
개 /16개	학습 방법	다시 한번 풀어 봐요.	계산 연습이 필요해요.	틀린 문제를 확인해요.	실수하지 않도록 집중해요.	

5. 두 수의 크기 비교

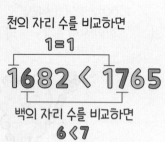

천의 자리 수를 비교하면
1 = 1
1682 < 1765
백의 자리 수를 비교하면
6 < 7

두 수의 크기를 비교할 때
천의 자리 수부터 비교해요.

🥕 ○ 안에 > 또는 <를 알
맞게 써넣으세요.

1 8374 ◯ 4876

천의 자리 수부터 비교해요.

2 2678 ◯ 4385

3 2836 ◯ 3218

4 3567 ◯ 5691

5 8958 ◯ 6391

6 6749 ◯ 4778

7 5752 ◯ 9871

8 1797 ◯ 7978

9 3986 ◯ 2756

10 7884 ◯ 6846

11 5462 ◯ 5298

12 7325 ◯ 7934

천의 자리 수가 같으면
백의 자리 수를 비교해요.

13 6463 ◯ 6867

14 3843 ◯ 3578

15 9285 ◯ 9110

16 2841 ◯ 2963

17 4089 ◯ 4293

18 8887 ◯ 8775

19 2667 ◯ 2746

20 1568 ◯ 1776

27 2989 ◯ 2962

34 3865 ◯ 3863

21 7481 ◯ 7453

28 3178 ◯ 3128

35 4975 ◯ 4979

천의 자리 수와 백의 자리 수가 각각 같으면 십의 자리 수를 비교해요.

22 3560 ◯ 3554

29 5762 ◯ 5788

36 1243 ◯ 1242

23 6818 ◯ 6827

30 1168 ◯ 1175

37 7816 ◯ 7818

24 4671 ◯ 4681

31 5623 ◯ 5621

38 3461 ◯ 3460

천의 자리 수, 백의 자리 수, 십의 자리 수가 각각 같으면 일의 자리 수를 비교해요.

25 8764 ◯ 8730

32 6637 ◯ 6634

39 8977 ◯ 8979

26 9201 ◯ 9236

33 2547 ◯ 2549

40 9863 ◯ 9861

맞힌 개수	나의 학습 결과에 ◯표 하세요.				QR 빠른정답 확인
	맞힌 개수	0~4개	5~20개	21~36개	37~40개
개 /40개	학습 방법	다시 한번 풀어 봐요.	계산 연습이 필요해요.	틀린 문제를 확인해요.	실수하지 않도록 집중해요.

5. 두 수의 크기 비교

○ 안에 > 또는 < 를 알맞게 써넣으세요.

1 4356 ◯ 4129

2 5453 ◯ 8438

3 7234 ◯ 7321

4 3242 ◯ 5201

5 8898 ◯ 8891

6 2374 ◯ 2395

7 6771 ◯ 6775

8 7493 ◯ 7477

9 2765 ◯ 3987

10 5857 ◯ 5867

11 3864 ◯ 1686

12 4312 ◯ 4311

13 8282 ◯ 9298

14 7912 ◯ 7934

15 8763 ◯ 7867

16 2543 ◯ 2568

17 7785 ◯ 7109

18 4741 ◯ 4743

19 3789 ◯ 3939

20 1987 ◯ 1688

21 3467 ◯ 3469

연산 in 문장제

성진이는 6450원, 예술이는 6790원을 저금했습니다.
누가 저금을 더 많이 했는지 구해 보세요.

$$6450 < 6790$$

천의 자리 수가 같으므로 백의 자리 수를 비교하면 4<7

따라서 저금을 더 많이 한 사람은 예술이입니다.

천의 자리	6	=	6
백의 자리	4	<	7
십의 자리	5		9
일의 자리	0		0

22 딸기주스는 4580원, 포도주스는 5340원입니다.
어느 주스가 더 비싼지 구해 보세요.

답 _____

→

천의 자리			
백의 자리			
십의 자리			
일의 자리			

23 화단에 백합이 1346송이, 튤립이 1327송이가 있습니다. 어느 꽃이 더 많은지 구해 보세요.

답 _____

→

천의 자리			
백의 자리			
십의 자리			
일의 자리			

24 지학 초등학교 학생은 1832명, 풍산 초등학교 학생은 1837명입니다. 어느 초등학교 학생이 더 많은지 구해 보세요.

답 _____

→

천의 자리			
백의 자리			
십의 자리			
일의 자리			

25 빨간색 리본 1475 cm, 파란색 리본 1220 cm가 있습니다. 어느 색 리본이 더 긴지 구해 보세요.

답 _____

→

친의 자리			
백의 자리			
십의 자리			
일의 자리			

맞힌 개수	나의 학습 결과에 ○표 하세요.				
	맞힌 개수	0~3개	4~13개	14~22개	23~25개
개 /25개	학습 방법	다시 한번 풀어 봐요.	계산 연습이 필요해요.	틀린 문제를 확인해요.	실수하지 않도록 집중해요.

QR 빠른정답 확인

천의 자리 수를 비교하면

5 < 6

5781   **5**893   **6**517

백의 자리 수를 비교하면

7 < 8

세 수 중에서 가장 큰 수는 6517이고,
가장 작은 수는 5781입니다.

세 수의 크기를 비교할 때에는
두 수씩 나누어 크기를 비교해도 돼요.

🥕 세 수의 크기를 비교하여 가장 큰 수를 찾아
◯표 하세요.

1   3683   4789   3678

2   9782   3254   2174

3   4673   4664   4467

4   8691   8621   8696

5   1921   1792   1971

6   6783   7893   8487

7   2784   4782   2986

8   9832   7983   9781

9   2687   2678   2892

10   6872   6891   6893

11   5689   5792   5981

12   8913   8912   8900

세 수의 크기를 비교하여 가장 작은 수를 찾아 △표 하세요.

13 1735   3680   4679

20 3678   5912   4678

14 8731   4765   4912

21 5871   3789   3478

15 6871   6781   7901

22 4319   4312   4398

16 9870   2198   2163

23 6187   6190   6398

17 3964   1982   1988

24 2091   3087   2180

18 6740   5687   6910

25 9812   9309   9304

19 6182   3262   3250

26 8237   8012   9610

맞힌 개수	나의 학습 결과에 ○표 하세요.				
	맞힌 개수	0~3개	4~13개	14~23개	24~26개
개 /26개	학습 방법	다시 한번 풀어 봐요.	계산 연습이 필요해요.	틀린 문제를 확인해요.	실수하지 않도록 집중해요.

QR 빠른정답 확인

6. 세 수의 크기 비교

🥕 세 수의 크기를 비교하여 가장 큰 수부터 차례대로 써 보세요.

1   4678   3789   4398

(　　　,　　　,　　　)

8   1756   2867   2781

(　　　,　　　,　　　)

2   7821   2789   2749

(　　　,　　　,　　　)

9   3018   3091   3019

(　　　,　　　,　　　)

3   5812   5810   5811

(　　　,　　　,　　　)

10   6781   6192   6182

(　　　,　　　,　　　)

4   5672   1527   2789

(　　　,　　　,　　　)

11   9810   9184   9312

(　　　,　　　,　　　)

5   8732   9473   8215

(　　　,　　　,　　　)

12   9102   9107   8120

(　　　,　　　,　　　)

6   4562   4879   4981

(　　　,　　　,　　　)

13   2673   2891   4811

(　　　,　　　,　　　)

7   7816   7871   7825

(　　　,　　　,　　　)

14   4178   4179   4291

(　　　,　　　,　　　)

연산 in 문장제

도서관에 동화책 1229권, 과학책 1123권, 위인전 1093권이 있습니다. 어느 책이 가장 많은지 구해 보세요.

1229 1123 1093

천의 자리 수가 같으므로 백의 자리 수를 비교하면 2가 제일 크다.
따라서 도서관에 가장 많이 있는 책은 <u>동화책</u>입니다.

	천의 자리	백의 자리	십의 자리	일의 자리
1229 ⇨	1	2	2	9
1123 ⇨	1	1	2	3
1093 ⇨	1	0	9	3

---

15 문구점에서 학용품을 사고 민재는 2910원, 민수는 2790원, 민성이는 2850원을 냈습니다. 누가 돈을 가장 많이 냈는지 구해 보세요.

답 _____

	천의 자리	백의 자리	십의 자리	일의 자리
⇨				
⇨				
⇨				

---

16 과일 가게에서 한 달 동안 사과 1354개, 배 1320개, 귤 1385개를 판매하였습니다. 어느 과일을 가장 많이 판매했는지 구해 보세요.

답 _____

	천의 자리	백의 자리	십의 자리	일의 자리
⇨				
⇨				
⇨				

---

17 사랑 마을 주민은 1902명, 행복 마을 주민은 1901명, 희망 마을 주민은 1926명입니다. 어느 마을의 주민 수가 가장 적은지 구해 보세요.

답 _____

	천의 자리	백의 자리	십의 자리	일의 자리
⇨				
⇨				
⇨				

---

18 농장에서 올해 수확한 작물은 감자 2102개, 고구마 1402개, 당근 1520개입니다. 어느 작물을 가장 적게 수확했는지 구해 보세요.

답 _____

	천의 자리	백의 자리	십의 자리	일의 자리
⇨				
⇨				
⇨				

 '작물'은 논밭에 심어 가꾸는 곡식이나 채소라는 뜻이에요.

맞힌 개수	나의 학습 결과에 ○표 하세요.				
	맞힌 개수	0~2개	3~9개	10~16개	17~18개
개 /18개	학습 방법	다시 한번 풀어 봐요.	계산 연습이 필요해요.	틀린 문제를 확인해요.	실수하지 않도록 집중해요.

QR 빠른 정답 확인

연산 & 문장제 마무리

🥕 알맞은 수를 쓰고 읽어 보세요.

1

> 1000이 3개인 수

쓰기 _____

읽기 _____

2

> 1000이 6개, 100이 4개,
> 10이 9개, 1이 8개인 수

쓰기 _____

읽기 _____

3

> 1000이 2개, 100이 7개,
> 10이 5개, 1이 9개인 수

쓰기 _____

읽기 _____

4

> 1000이 4개, 100이 7개,
> 1이 2개인 수

쓰기 _____

읽기 _____

5

> 1000이 8개, 10이 3개,
> 1이 7개인 수

쓰기 _____

읽기 _____

🥕 ☐ 안에 알맞은 수나 말을 써넣으세요.

6 8196에서 1은 ☐의 자리 숫자이고,

☐ 을/를 나타냅니다.

7 2146에서 2는 ☐의 자리 숫자이고,

☐ 을/를 나타냅니다.

8 3354에서 4는 ☐의 자리 숫자이고,

☐ 을/를 나타냅니다.

9 9678에서 9는 ☐의 자리 숫자이고,

☐ 을/를 나타냅니다.

10 7981에서 8은 ☐의 자리 숫자이고,

☐ 을/를 나타냅니다.

11 5263에서 3은 ☐의 자리 숫자이고,

☐ 을/를 나타냅니다.

12 4589에서 5는 ☐의 자리 숫자이고,

☐ 을/를 나타냅니다.

🥕 빈칸과 ☐ 안에 알맞은 수를 써넣으세요.

13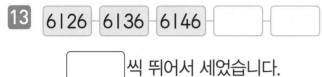

6126 6136 6146 ☐ ☐

☐씩 뛰어서 세었습니다.

14

7324 7424 ☐ 7624 ☐

☐씩 뛰어서 세었습니다.

15

3246 ☐ 5246 6246 ☐

☐씩 뛰어서 세었습니다.

16

☐ ☐ 9142 9143 9144

☐씩 뛰어서 세었습니다.

17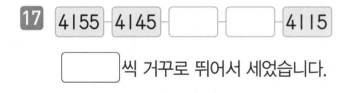

4155 4145 ☐ ☐ 4115

☐씩 거꾸로 뛰어서 세었습니다.

18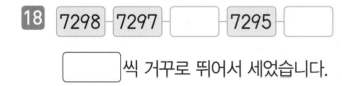

7298 7297 ☐ 7295 ☐

☐씩 거꾸로 뛰어서 세었습니다.

19

8520 7520 6520 ☐ ☐

☐씩 거꾸로 뛰어서 세었습니다.

20

☐ ☐ 1628 1528 1428

☐씩 거꾸로 뛰어서 세었습니다.

🥕 ◯ 안에 > 또는 <를 알맞게 써넣으세요.

21 1762 ◯ 1698

22 3246 ◯ 5235

23 8242 ◯ 8241

24 4729 ◯ 4763

🥕 세 수의 크기를 비교하여 가장 작은 수부터 차례대로 써 보세요.

25 1879 1847 1905

(, ,)

26 6987 7589 6982

(, ,)

27 5891 4925 3127

(, ,)

28 8952 8234 8958

(, ,)

정답 6쪽

29 공책이 한 상자에 1000권씩 들어 있습니다. 6상자에 들어 있는 공책은 모두 몇 권인지 구해 보세요.

답 _____

30 포도 농장에서 하루에 포도를 1000송이씩 수확한다고 합니다. 포도 농장에서 8일 동안 수확한 포도는 모두 몇 송이인지 구해 보세요.

답 _____

31 양말 가게에 양말이 1000켤레씩 3상자, 100켤레씩 9상자 있습니다. 양말 가게에 있는 양말은 모두 몇 켤레인지 구해 보세요.

답 _____

32 우유 공장에서 오늘 생산한 우유를 상자에 담았더니 1000개씩 2상자, 10개씩 5상자였습니다. 오늘 생산한 우유는 모두 몇 개인지 구해 보세요.

답 _____

33 나현이의 저금통에는 2630원이 있습니다. 나현이가 내일부터 하루에 100원씩 계속 저금한다면 3일 후에 저금통에 있는 돈은 얼마가 되는지 구해 보세요.

답 _____

34 오늘 미술관에 방문한 사람은 1278명, 과학관에 방문한 사람은 1259명입니다. 사람들이 어느 곳에 더 많이 방문했는지 구해 보세요.

답 _____

35 감자 맛 과자는 2870원, 고구마 맛 과자는 3100원, 양파 맛 과자는 2760원입니다. 어느 과자가 가장 비싼지 구해 보세요.

답 _____

연산 노트

맞힌 개수		나의 학습 결과에 ○표 하세요.			
	맞힌 개수	0~3개	4~17개	18~32개	33~35개
개 /35개	학습 방법	다시 한번 풀어 봐요.	계산 연습이 필요해요.	틀린 문제를 확인해요.	실수하지 않도록 집중해요.

QR 빠른정답 확인

2

곱셈구구

$2 \times 1 = 2$
$2 \times 2 = 4$ +2
$2 \times 3 = 6$ +2
$2 \times 4 = 8$ +2
$2 \times 5 = 10$ +2
$2 \times 6 = 12$ +2
$2 \times 7 = 14$ +2
$2 \times 8 = 16$ +2
$2 \times 9 = 18$ +2

2단 곱셈구구에서 곱하는 수가 1씩 커지면 그 곱은 2씩 커져요.

🥕 □ 안에 알맞은 수를 써넣으세요.

6 $2 \times 8 = \boxed{}$

7 $2 \times 4 = \boxed{}$

8 $2 \times 2 = \boxed{}$

9 $2 \times 6 = \boxed{}$

10 $2 \times 3 = \boxed{}$

11 $2 \times 7 = \boxed{}$

12 $2 \times 5 = \boxed{}$

13 $2 \times 9 = \boxed{}$

🥕 그림을 보고 □ 안에 알맞은 수를 써넣으세요.

1 ●● ●● ●● ●●

$2 \times 4 = \boxed{}$

2 ●● ●● ●● ●● ●●

$2 \times 5 = \boxed{}$

3 ●● ●● ●●

$2 \times 3 = \boxed{}$

4 ●● ●● ●● ●● ●● ●●

$2 \times 6 = \boxed{}$

5 ●● ●●

$2 \times 2 = \boxed{}$

🥕 2단 곱셈구구를 완성해 보세요.

14
2 × ☐ = 2
2 × 2 = 4
2 × 3 = ☐
2 × 4 = 8
2 × ☐ = 10
2 × 6 = 12
2 × ☐ = 14
2 × 8 = 16
2 × 9 = ☐

16
2 × 1 = 2
2 × 2 = ☐
2 × ☐ = 6
2 × ☐ = 8
2 × 5 = 10
2 × ☐ = 12
2 × 7 = 14
2 × 8 = 16
2 × 9 = ☐

18
2 × 1 = ☐
2 × ☐ = 4
2 × 3 = 6
2 × 4 = 8
2 × 5 = 10
2 × 6 = ☐
2 × 7 =
2 × 8 = 16
2 × ☐ = 18

15
2 × 1 = 2
2 × ☐ = 4
2 × 3 = 6
2 × 4 = ☐
2 × ☐ = 10
2 × 6 = ☐
2 × 7 = 14
2 × 8 = 16
2 × ☐ = 18

17
2 × ☐ = 2
2 × 2 = 4
2 × 3 = 6
2 × 4 = 8
2 × 5 = ☐
2 × 6 = 12
2 × 7 = ☐
2 × ☐ = 16
2 × 9 = ☐

19
2 × 1 = 2
2 × 2 = 4
2 × 3 = ☐
2 × ☐ = 8
2 × 5 = 10
2 × 6 = ☐
2 × ☐ = 14
2 × 8 = ☐
2 × 9 = 18

맞힌 개수	나의 학습 결과에 ○표 하세요.				QR 빠른 정답 확인
	맞힌 개수	0~2개	3~10개	11~17개	18~19개	
개 /19개	학습 방법	다시 한번 풀어 봐요.	계산 연습이 필요해요.	틀린 문제를 확인해요.	실수하지 않도록 집중해요.	

🥕 빈칸에 두 수의 곱을 써넣으세요.

🥕 ☐ 안에 알맞은 수를 써넣으세요.

1

7
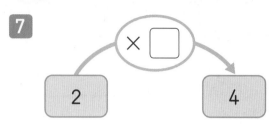

2
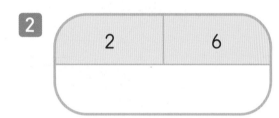

8
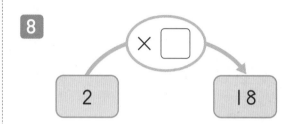

3

9
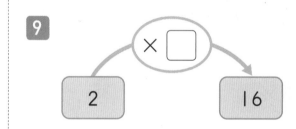

4

10
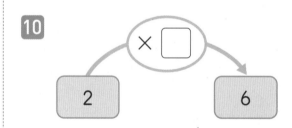

5
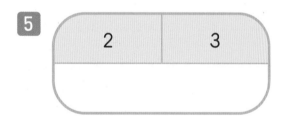

11
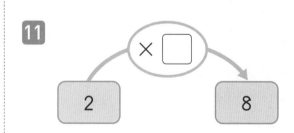

6
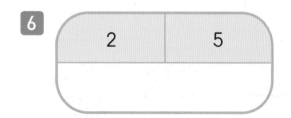

12
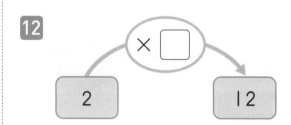

연산 in 문장제

접시 한 개에 귤이 2개씩 있습니다. 접시 3개에 있는 귤은 모두 몇 개인지 구해 보세요.

$$\underset{\substack{\uparrow \\ \text{접시 한 개에 있는} \\ \text{귤 수}}}{2} \times \underset{\substack{\uparrow \\ \text{접시} \\ \text{수}}}{3} = \underset{\substack{\uparrow \\ \text{전체} \\ \text{귤 수}}}{6}\text{(개)}$$

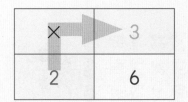

---

13 끈 한 도막의 길이는 2 cm입니다. 같은 길이의 끈 7도막의 길이는 모두 몇 cm인지 구해 보세요.

답 _____

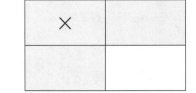

14 두발자전거가 9대 있습니다. 두발자전거의 바퀴는 모두 몇 개인지 구해 보세요.

답 _____

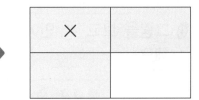

15 주머니 한 개에 바둑돌이 2개씩 들어 있습니다. 주머니 5개에 들어 있는 바둑돌은 모두 몇 개인지 구해 보세요.

답 _____

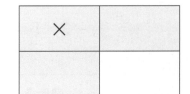

16 진한이는 하루에 우유를 2컵씩 마십니다. 진한이가 6일 동안 마신 우유는 모두 몇 컵인지 구해 보세요.

답 _____

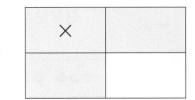

17 어느 놀이 기구 한 대에 어린이가 2명씩 타고 있습니다. 같은 놀이 기구 8대에 타고 있는 어린이는 모두 몇 명인지 구해 보세요.

답 _____

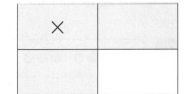

맞힌 개수	나의 학습 결과에 ○표 하세요.				QR 빠른정답 확인
	맞힌 개수	0~2개	3~8개	9~15개	16~17개	
개 /17개	학습 방법	다시 한번 풀어 봐요.	계산 연습이 필요해요.	틀린 문제를 확인해요.	실수하지 않도록 집중해요.	

2. 3단 곱셈구구

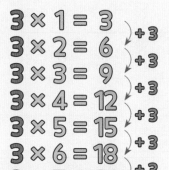

$3 \times 1 = 3$) +3
$3 \times 2 = 6$) +3
$3 \times 3 = 9$) +3
$3 \times 4 = 12$) +3
$3 \times 5 = 15$) +3
$3 \times 6 = 18$) +3
$3 \times 7 = 21$) +3
$3 \times 8 = 24$) +3
$3 \times 9 = 27$) +3

3단 곱셈구구에서 곱하는 수가 1씩 커지면 그 곱은 3씩 커져요.

🥕 그림을 보고 ☐ 안에 알맞은 수를 써넣으세요.

1
●●● ●●● ●●●
●●● ●●●

$3 \times 5 = \boxed{}$

2
●●● ●●●

$3 \times 2 = \boxed{}$

3
●●● ●●● ●●●

$3 \times 3 = \boxed{}$

4
●●● ●●● ●●● ●●●

$3 \times 4 = \boxed{}$

5
●●● ●●● ●●● ●●●
●●● ●●● ●●●

$3 \times 7 = \boxed{}$

🥕 ☐ 안에 알맞은 수를 써넣으세요.

6 $3 \times 3 = \boxed{}$

7 $3 \times 7 = \boxed{}$

8 $3 \times 2 = \boxed{}$

9 $3 \times 4 = \boxed{}$

10 $3 \times 8 = \boxed{}$

11 $3 \times 9 = \boxed{}$

12 $3 \times 6 = \boxed{}$

13 $3 \times 5 = \boxed{}$

🐝 3단 곱셈구구를 완성해 보세요.

14
3 × ⬜ = 3
3 × 2 = 6
3 × ⬜ = 9
3 × 4 = 12
3 × 5 = ⬜
3 × ⬜ = 18
3 × 7 = 21
3 × 8 = ⬜
3 × 9 = 27

16
3 × 1 = 3
3 × ⬜ = 6
3 × 3 = 9
3 × ⬜ = 12
3 × 5 = 15
3 × 6 = 18
3 × 7 = ⬜
3 × ⬜ = 24
3 × 9 = ⬜

18
3 × 1 = ⬜
3 × 2 = ⬜
3 × 3 = 9
3 × 4 = 12
3 × ⬜ = 15
3 × 6 = ⬜
3 × 7 = 21
3 × 8 = 24
3 × ⬜ = 27

15
3 × 1 = 3
3 × 2 = ⬜
3 × 3 = ⬜
3 × 4 = 12
3 × ⬜ = 15
3 × 6 = 18
3 × 7 = ⬜
3 × 8 = 24
3 × ⬜ = 27

17
3 × 1 = ⬜
3 × 2 = 6
3 × 3 = 9
3 × ⬜ = 12
3 × 5 = ⬜
3 × 6 = 18
3 × ⬜ = 21
3 × 8 = ⬜
3 × 9 = 27

19
3 × 1 = 3
3 × 2 = 6
3 × ⬜ = 9
3 × 4 = ⬜
3 × 5 = 15
3 × 6 = ⬜
3 × 7 = 21
3 × ⬜ = 24
3 × 9 = ⬜

맞힌 개수	나의 학습 결과에 ○표 하세요.			
	맞힌 개수	0~2개	3~10개	11~17개	18~19개
개 /19개	학습 방법	다시 한번 풀어 봐요.	계산 연습이 필요해요.	틀린 문제를 확인해요.	실수하지 않도록 집중해요.

QR 빠른정답 확인

🥕 빈칸에 알맞은 수를 써넣으세요.

1

3	3	

2

3	9	

3

3	6	

4

3	5	

5

3	7	

6

3	2	

🥕 ☐ 안에 알맞은 수를 써넣으세요.

7
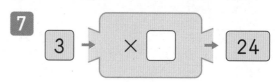
3 → × ☐ → 24

8
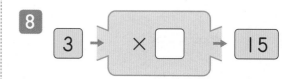
3 → × ☐ → 15

9
3 → × ☐ → 6

10
3 → × ☐ → 21

11
3 → × ☐ → 12

12
3 → × ☐ → 9

연산 in 문장제

꽃병 한 개에 꽃이 3송이씩 꽂혀 있습니다. 꽃병 5개에 꽂혀 있는 꽃은 모두 몇 송이인지 구해 보세요.

$$3 \times 5 = 15 (송이)$$

꽃병 한 개에 꽂혀 있는 꽃 수 ↗
꽃병 수 ↑
전체 꽃 수 ↑

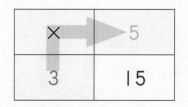

×	→ 5
3	15

---

13 긴 의자 한 개에 어린이가 3명씩 앉아 있습니다. 긴 의자 6개에 앉아 있는 어린이는 모두 몇 명인지 구해 보세요.

답 _____

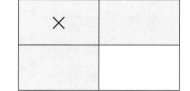

×	

---

14 지우개 한 개의 길이는 3 cm입니다. 같은 길이의 지우개 4개의 길이는 모두 몇 cm인지 구해 보세요.

답 _____

×	

---

15 한 통에 쿠키가 3개씩 들어 있습니다. 8통에 들어 있는 쿠키는 모두 몇 개인지 구해 보세요.

답 _____

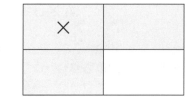

×	

---

16 세발자전거가 7대 있습니다. 세발자전거의 바퀴는 모두 몇 개인지 구해 보세요.

답 _____

×	

---

17 민기는 친구들에게 연필을 3자루씩 나누어 주려고 합니다. 9명에게 나누어 주려면 필요한 연필은 모두 몇 자루인지 구해 보세요.

답 _____

×	

맞힌 개수	나의 학습 결과에 ○표 하세요.				QR 빠른 정답 확인
	맞힌 개수	0~2개	3~8개	9~15개	16~17개
개 /17개	학습 방법	다시 한번 풀어 봐요.	계산 연습이 필요해요.	틀린 문제를 확인해요.	실수하지 않도록 집중해요.

3. 4단 곱셈구구

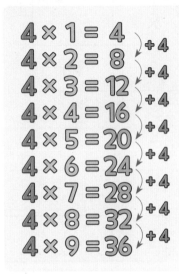

4단 곱셈구구에서 곱하는 수가 1씩 커지면 그 곱은 4씩 커져요.

🥕 ☐ 안에 알맞은 수를 써넣으세요.

6 4×9 = ☐

7 4×2 = ☐

8 4×6 = ☐

9 4×4 = ☐

10 4×5 = ☐

11 4×8 = ☐

12 4×3 = ☐

13 4×7 = ☐

🥕 그림을 보고 ☐ 안에 알맞은 수를 써넣으세요.

1

4×3 = ☐

2

4×6 = ☐

3

4×7 = ☐

4

4×4 = ☐

5

4×8 = ☐

🥕 4단 곱셈구구를 완성해 보세요.

14 4 × 1 = 4
    4 × 2 = 8
    4 × ☐ = 12
    4 × 4 = 16
    4 × 5 = ☐
    4 × 6 = 24
    4 × 7 = ☐
    4 × ☐ = 32
    4 × ☐ = 36

16 4 × ☐ = 4
    4 × 2 = ☐
    4 × 3 = 12
    4 × 4 = ☐
    4 × 5 = 20
    4 × 6 = ☐
    4 × ☐ = 28
    4 × 8 = 32
    4 × 9 = 36

18 4 × 1 = 4
    4 × ☐ = 8
    4 × 3 = ☐
    4 × 4 = 16
    4 × ☐ = 20
    4 × 6 = 24
    4 × 7 = 28
    4 × 8 = ☐
    4 × 9 = ☐

15 4 × 1 = 4
    4 × ☐ = 8
    4 × 3 = ☐
    4 × 4 = 16
    4 × ☐ = 20
    4 × 6 = ☐
    4 × 7 = 28
    4 × 8 = ☐
    4 × 9 = 36

17 4 × 1 = ☐
    4 × 2 = 8
    4 × 3 = 12
    4 × ☐ = 16
    4 × 5 = ☐
    4 × 6 = 24
    4 × 7 = ☐
    4 × 8 = 32
    4 × ☐ = 36

19 4 × ☐ = 4
    4 × 2 = ☐
    4 × 3 = 12
    4 × 4 = ☐
    4 × 5 = 20
    4 × ☐ = 24
    4 × ☐ = 28
    4 × 8 = 32
    4 × 9 = 36

맞힌 개수	나의 학습 결과에 ○표 하세요.				
	맞힌 개수	0~2개	3~10개	11~17개	18~19개
개 / 19개	학습 방법	다시 한번 풀어 봐요.	계산 연습이 필요해요.	틀린 문제를 확인해요.	실수하지 않도록 집중해요.

QR 빠른정답 확인

🥕 빈칸에 두 수의 곱을 써넣으세요.

1
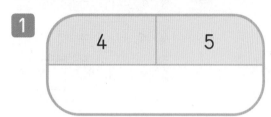

2

3

4
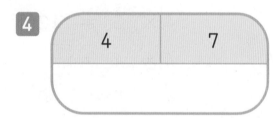

5
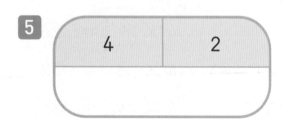

6
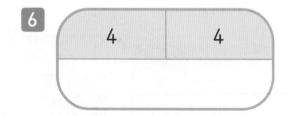

🥕 ☐ 안에 알맞은 수를 써넣으세요.

7
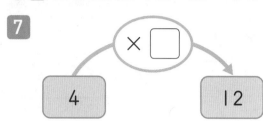

8
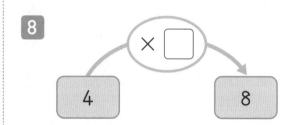

9
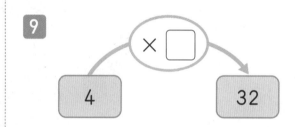

10
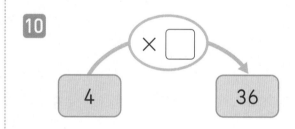

11
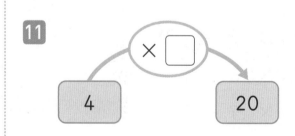

12
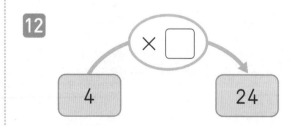

연산 in 문장제

자동차 한 대의 바퀴는 4개입니다. 자동차 3대의 바퀴는 모두 몇 개인지 구해 보세요.

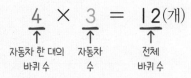

$$4 \times 3 = 12(개)$$

↑ 자동차 한 대의 바퀴 수
↑ 자동차 수
↑ 전체 바퀴 수

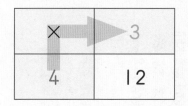

---

13 고양이 한 마리의 다리는 4개입니다. 고양이 8마리의 다리는 모두 몇 개인지 구해 보세요.

답 _____

→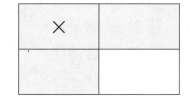

---

14 구멍이 4개인 단추가 4개 있습니다. 단춧구멍은 모두 몇 개인지 구해 보세요.

답 _____

→

---

15 운동장에 학생들이 한 줄에 4명씩 서 있습니다. 9줄에 서 있는 학생은 모두 몇 명인지 구해 보세요.

답 _____

→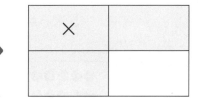

---

16 상자에 사과가 4개씩 7줄 들어 있습니다. 상자에 들어 있는 사과는 모두 몇 개인지 구해 보세요.

답 _____

→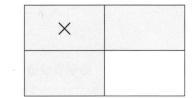

---

17 잠자리 한 마리의 날개는 4장입니다. 잠자리 6마리의 날개는 모두 몇 장인지 구해 보세요.

답 _____

→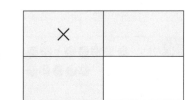

맞힌 개수	나의 학습 결과에 ○표 하세요.				QR 빠른 정답 확인
	맞힌 개수	0~2개	3~8개	9~15개	16~17개	
개 /17개	학습 방법	다시 한번 풀어 봐요.	계산 연습이 필요해요.	틀린 문제를 확인해요.	실수하지 않도록 집중해요.	

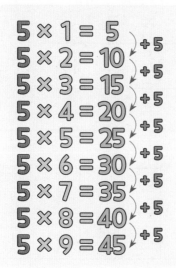

5 × 1 = 5
5 × 2 = 10 ↘ +5
5 × 3 = 15 ↘ +5
5 × 4 = 20 ↘ +5
5 × 5 = 25 ↘ +5
5 × 6 = 30 ↘ +5
5 × 7 = 35 ↘ +5
5 × 8 = 40 ↘ +5
5 × 9 = 45 ↘ +5

5단 곱셈구구에서 곱하는 수가 1씩 커지면 그 곱은 5씩 커져요.

🥕 그림을 보고 ☐ 안에 알맞은 수를 써넣으세요.

1

$5 \times 6 =$ ☐

2

$5 \times 4 =$ ☐

3

$5 \times 2 =$ ☐

4

$5 \times 5 =$ ☐

5

$5 \times 3 =$ ☐

🥕 ☐ 안에 알맞은 수를 써넣으세요.

6 $5 \times 7 =$ ☐

7 $5 \times 6 =$ ☐

8 $5 \times 3 =$ ☐

9 $5 \times 2 =$ ☐

10 $5 \times 8 =$ ☐

11 $5 \times 5 =$ ☐

12 $5 \times 4 =$ ☐

13 $5 \times 9 =$ ☐

🐹 5단 곱셈구구를 완성해 보세요.

14
5 × 1 = 5
5 × 2 = ☐
5 × 3 = ☐
5 × 4 = 20
5 × 5 = 25
5 × ☐ = 30
5 × 7 = ☐
5 × 8 = 40
5 × ☐ = 45

16
5 × 1 = 5
5 × 2 = 10
5 × ☐ = 15
5 × ☐ = 20
5 × 5 = 25
5 × 6 = ☐
5 × 7 = 35
5 × ☐ = 40
5 × 9 = ☐

18
5 × 1 = ☐
5 × ☐ = 10
5 × 3 = 15
5 × 4 = 20
5 × ☐ = 25
5 × 6 = 30
5 × 7 = 35
5 × 8 = ☐
5 × 9 = 45

15
5 × 1 = ☐
5 × ☐ = 10
5 × 3 = 15
5 × 4 = 20
5 × 5 = ☐
5 × 6 = 30
5 × ☐ = 35
5 × 8 = ☐
5 × 9 = 45

17
5 × ☐ = 5
5 × 2 = 10
5 × 3 = 15
5 × 4 = ☐
5 × ☐ = 25
5 × ☐ = 30
5 × 7 = 35
5 × 8 = 40
5 × 9 = ☐

19
5 × 1 = 5
5 × 2 = 10
5 × 3 = ☐
5 × ☐ = 20
5 × 5 = 25
5 × 6 = 30
5 × 7 = ☐
5 × ☐ = 40
5 × ☐ = 45

맞힌 개수	나의 학습 결과에 ○표 하세요.			
	맞힌 개수	0~2개	3~10개	11~17개	18~19개
개 /19개	학습 방법	다시 한번 풀어 봐요.	계산 연습이 필요해요.	틀린 문제를 확인해요.	실수하지 않도록 집중해요.

QR 빠른 정답 확인

🥕 빈칸에 알맞은 수를 써넣으세요.

1

| 5 | 4 | |

2
| 5 | 8 | |

3
| 5 | 5 | |

4
| 5 | 3 | |

5
| 5 | 7 | |

6
| 5 | 9 | |

🥕 ☐ 안에 알맞은 수를 써넣으세요.

7   5 → × ☐ → 35

8   5 → × ☐ → 30

9   5 → × ☐ → 15

10   5 → × ☐ → 25

11   5 → × ☐ → 10

12   5 → × ☐ → 40

연산 in 문장제

서은이네 반 학생들이 강당에 5명씩 4줄로 앉아 있습니다. 서은이네 반 학생들은 모두 몇 명인지 구해 보세요.

$$\underset{\substack{\uparrow \\ \text{한 줄에 앉은} \\ \text{학생 수}}}{5} \times \underset{\substack{\uparrow \\ \text{줄 수}}}{4} = \underset{\substack{\uparrow \\ \text{서은이네 반} \\ \text{학생 수}}}{20}(\text{명})$$

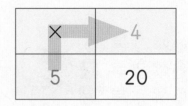

13 자동차 한 대에 5명씩 탈 수 있습니다. 2대에 탈 수 있는 사람은 모두 몇 명인지 구해 보세요.

답 _____

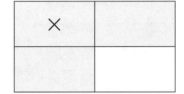

14 민희는 하루에 문제집을 5쪽씩 풀었습니다. 민희가 5일 동안 푼 문제집은 모두 몇 쪽인지 구해 보세요.

답 _____

15 게시판에 사진이 한 줄에 5장씩 3줄로 붙어 있습니다. 게시판에 붙어 있는 사진은 모두 몇 장인지 구해 보세요.

답 _____

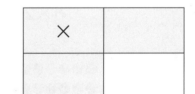

16 한 봉지에 사탕이 5개씩 들어 있습니다. 9봉지에 들어 있는 사탕은 모두 몇 개인지 구해 보세요.

답 _____

17 꽃 한 송이에 꽃잎이 5장씩 있습니다. 꽃 6송이에 있는 꽃잎은 모두 몇 장인지 구해 보세요.

답 _____

맞힌 개수	나의 학습 결과에 ○표 하세요.				
	맞힌 개수	0~2개	3~8개	9~15개	16~17개
개 /17개	학습 방법	다시 한번 풀어 봐요.	계산 연습이 필요해요.	틀린 문제를 확인해요.	실수하지 않도록 집중해요.

QR 빠른 정답 확인

5. 6단 곱셈구구

$$6 \times 1 = 6$$
$$6 \times 2 = 12 \quad +6$$
$$6 \times 3 = 18 \quad +6$$
$$6 \times 4 = 24 \quad +6$$
$$6 \times 5 = 30 \quad +6$$
$$6 \times 6 = 36 \quad +6$$
$$6 \times 7 = 42 \quad +6$$
$$6 \times 8 = 48 \quad +6$$
$$6 \times 9 = 54 \quad +6$$

6단 곱셈구구에서 곱하는 수가 1씩 커지면 그 곱은 6씩 커져요.

🥕 □ 안에 알맞은 수를 써넣으세요.

6 $6 \times 8 = \boxed{}$

7 $6 \times 5 = \boxed{}$

8 $6 \times 6 = \boxed{}$

9 $6 \times 3 = \boxed{}$

🥕 그림을 보고 □ 안에 알맞은 수를 써넣으세요.

1 ●●●●●● ●●●●●●

$6 \times 2 = \boxed{}$

10 $6 \times 9 = \boxed{}$

2 ●●●●●● ●●●●●●
●●●●●● ●●●●●●

$6 \times 4 = \boxed{}$

11 $6 \times 7 = \boxed{}$

3 ●●●●●● ●●●●●● ●●●●●●
●●●●●● ●●●●●●

$6 \times 5 = \boxed{}$

12 $6 \times 2 = \boxed{}$

4 ●●●●●● ●●●●●● ●●●●●●
●●●●●● ●●●●●● ●●●●●●

$6 \times 6 = \boxed{}$

13 $6 \times 4 = \boxed{}$

5 ●●●●●● ●●●●●● ●●●●●●

$6 \times 3 = \boxed{}$

🥕 6단 곱셈구구를 완성해 보세요.

14

6 × 1 = ☐
6 × 2 = 12
6 × ☐ = 18
6 × 4 = ☐
6 × 5 = 30
6 × 6 = 36
6 × ☐ = 42
6 × 8 = ☐
6 × 9 = 54

16

6 × 1 = 6
6 × 2 = ☐
6 × 3 = ☐
6 × 4 = 24
6 × ☐ = 30
6 × ☐ = 36
6 × 7 = 42
6 × 8 = 48
6 × 9 = ☐

18

6 × ☐ = 6
6 × ☐ = 12
6 × 3 = 18
6 × 4 = 24
6 × 5 = ☐
6 × 6 = 36
6 × 7 = ☐
6 × 8 = 48
6 × ☐ = 54

15

6 × 1 = 6
6 × ☐ = 12
6 × 3 = 18
6 × ☐ = 24
6 × 5 = ☐
6 × 6 = 36
6 × 7 = ☐
6 × 8 = 48
6 × ☐ = 54

17

6 × ☐ = 6
6 × 2 = 12
6 × 3 = 18
6 × 4 = ☐
6 × 5 = 30
6 × 6 = ☐
6 × 7 = 42
6 × ☐ = 48
6 × 9 = ☐

19

6 × 1 = ☐
6 × 2 = 12
6 × 3 = ☐
6 × 4 = 24
6 × 5 = 30
6 × ☐ = 36
6 × ☐ = 42
6 × 8 = ☐
6 × 9 = 54

맞힌 개수	나의 학습 결과에 ○표 하세요.				QR 빠른 정답 확인
	맞힌 개수	0~2개	3~10개	11~17개	18~19개	
개 /19개	학습 방법	다시 한번 풀어 봐요.	계산 연습이 필요해요.	틀린 문제를 확인해요.	실수하지 않도록 집중해요.	

🥕 빈칸에 두 수의 곱을 써넣으세요.

1

6	2

2

6	6

3

6	3

4

6	5

5

6	7

6

6	4

🥕 ☐ 안에 알맞은 수를 써넣으세요.

7   6 $\times$ ☐ → 30

8   6 $\times$ ☐ → 48

9   6 $\times$ ☐ → 54

10   6 $\times$ ☐ → 12

11   6 $\times$ ☐ → 18

12   6 $\times$ ☐ → 36

연산 in 문장제

개미 한 마리의 다리는 6개입니다. 개미 4마리의 다리는 모두 몇 개인지 구해 보세요.

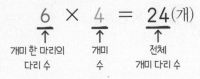

개미 한 마리의 다리 수 / 개미 수 / 전체 개미 다리 수

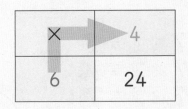

---

13 빵이 한 봉지에 6개씩 들어 있습니다. 7봉지에 들어 있는 빵은 모두 몇 개인지 구해 보세요.

답 _____

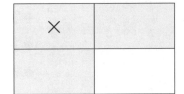

---

14 피자가 한 판에 6조각씩 있습니다. 9판에 있는 피자는 모두 몇 조각인지 구해 보세요.

답 _____

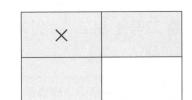

---

15 연필꽂이 한 개에 연필이 6자루씩 꽂혀 있습니다. 연필꽂이 3개에 꽂혀 있는 연필은 모두 몇 자루인지 구해 보세요.

답 _____

---

16 긴 의자 한 개에 학생이 6명씩 앉을 수 있습니다. 긴 의자 8개에 앉을 수 있는 학생은 모두 몇 명인지 구해 보세요.

답 _____

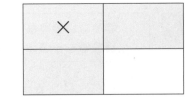

---

17 어항 한 개에 금붕어가 6마리씩 있습니다. 어항 5개에 있는 금붕어는 모두 몇 마리인지 구해 보세요.

답 _____

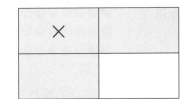

맞힌 개수	나의 학습 결과에 ○표 하세요.			
	맞힌 개수	0~2개	3~8개	9~15개	16~17개
개 /17개	학습 방법	다시 한번 풀어 봐요.	계산 연습이 필요해요.	틀린 문제를 확인해요.	실수하지 않도록 집중해요.

QR 빠른정답 확인

$$7 \times 1 = 7$$
$$7 \times 2 = 14$$
$$7 \times 3 = 21$$
$$7 \times 4 = 28$$
$$7 \times 5 = 35$$
$$7 \times 6 = 42$$
$$7 \times 7 = 49$$
$$7 \times 8 = 56$$
$$7 \times 9 = 63$$

7단 곱셈구구에서 곱하는 수가 1씩 커지면 그 곱은 7씩 커져요.

🥕 □ 안에 알맞은 수를 써넣으세요.

6 $7 \times 8 =$ ☐

7 $7 \times 3 =$ ☐

8 $7 \times 5 =$ ☐

9 $7 \times 6 =$ ☐

10 $7 \times 7 =$ ☐

11 $7 \times 2 =$ ☐

12 $7 \times 9 =$ ☐

13 $7 \times 4 =$ ☐

🥕 그림을 보고 □ 안에 알맞은 수를 써넣으세요.

1 $7 \times 3 =$ ☐

2 $7 \times 2 =$ ☐

3 $7 \times 4 =$ ☐

4 $7 \times 6 =$ ☐

5 $7 \times 5 =$ ☐

🐹 7단 곱셈구구를 완성해 보세요.

14

7 × 1 = 7
7 × 2 = ☐
7 × 3 = 21
7 × ☐ = 28
7 × ☐ = 35
7 × 6 = 42
7 × 7 = 49
7 × 8 = ☐
7 × 9 = ☐

16

7 × 1 = 7
7 × ☐ = 14
7 × 3 = 21
7 × 4 = 28
7 × 5 = ☐
7 × 6 = ☐
7 × 7 = 49
7 × ☐ = 56
7 × ☐ = 63

18

7 × 1 = ☐
7 × 2 = 14
7 × 3 = ☐
7 × 4 = ☐
7 × 5 = 35
7 × ☐ = 42
7 × ☐ = 49
7 × 8 = 56
7 × 9 = 63

15

7 × 1 = ☐
7 × 2 = 14
7 × 3 = ☐
7 × 4 = 28
7 × 5 = 35
7 × ☐ = 42
7 × ☐ = 49
7 × 8 = 56
7 × ☐ = 63

17

7 × ☐ = 7
7 × 2 = 14
7 × 3 = 21
7 × 4 = ☐
7 × ☐ = 35
7 × 6 = 42
7 × 7 = ☐
7 × 8 = ☐
7 × 9 = 63

19

7 × 1 = 7
7 × ☐ = 14
7 × ☐ = 21
7 × ☐ = 28
7 × 5 = 35
7 × 6 = 42
7 × 7 = 49
7 × ☐ = 56
7 × 9 = ☐

맞힌 개수	나의 학습 결과에 ○표 하세요.				
개 /19개	맞힌 개수	0~2개	3~10개	11~17개	18~19개
	학습 방법	다시 한번 풀어 봐요.	계산 연습이 필요해요.	틀린 문제를 확인해요.	실수하지 않도록 집중해요.

QR 빠른 정답 확인

🐹 빈칸에 알맞은 수를 써넣으세요.

1

| 7 | 3 | |

2
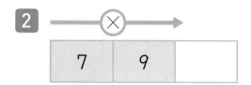

| 7 | 9 | |

3

| 7 | 6 | |

4

| 7 | 4 | |

5

| 7 | 7 | |

6

| 7 | 2 | |

🥕 ☐ 안에 알맞은 수를 써넣으세요.

7
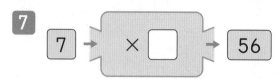

7 → × ☐ → 56

8
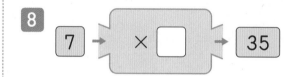

7 → × ☐ → 35

9

7 → × ☐ → 14

10

7 → × ☐ → 49

11

7 → × ☐ → 28

12

7 → × ☐ → 21

연산 in 문장제

민재는 하루에 책을 7쪽씩 읽습니다. 민재가 9일 동안 읽은 책은 모두 몇 쪽인지 구해 보세요.

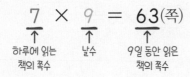

$$7 \times 9 = 63 \text{(쪽)}$$

하루에 읽는　　날수　　9일 동안 읽은
책의 쪽수　　　　　　　책의 쪽수

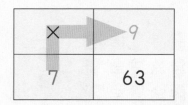

13　사물함이 한 층에 7개씩 2층으로 놓여 있습니다. 사물함은 모두 몇 개인지 구해 보세요.

답 _____

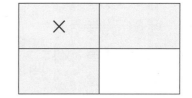

14　수수깡 한 개의 길이는 7 cm입니다. 같은 길이의 수수깡 4개의 길이는 모두 몇 cm인지 구해 보세요.

답 _____

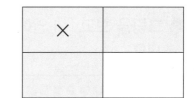

15　교실 게시판에 그림이 한 줄에 7개씩 5줄로 걸려 있습니다. 교실 게시판에 걸려 있는 그림은 모두 몇 개인지 구해 보세요.

답 _____

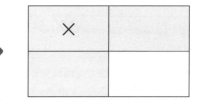

16　한 통에 색연필이 7자루씩 들어 있습니다. 6통에 들어 있는 색연필은 모두 몇 자루인지 구해 보세요.

답 _____

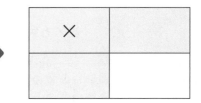

17　마트 냉장고 안에 오렌지주스가 한 줄에 7개씩 놓여 있습니다. 8줄에 놓여 있는 오렌지주스는 모두 몇 개인지 구해 보세요.

답 _____

맞힌 개수	나의 학습 결과에 ○표 하세요.				
	맞힌 개수	0~2개	3~8개	9~15개	16~17개
개 /17개	학습 방법	다시 한번 풀어 봐요.	계산 연습이 필요해요.	틀린 문제를 확인해요.	실수하지 않도록 집중해요.

QR 빠른 정답 확인

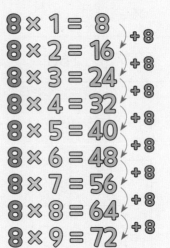

$8 \times 1 = 8$
$8 \times 2 = 16$ ⟩ +8
$8 \times 3 = 24$ ⟩ +8
$8 \times 4 = 32$ ⟩ +8
$8 \times 5 = 40$ ⟩ +8
$8 \times 6 = 48$ ⟩ +8
$8 \times 7 = 56$ ⟩ +8
$8 \times 8 = 64$ ⟩ +8
$8 \times 9 = 72$ ⟩ +8

8단 곱셈구구에서
곱하는 수가 1씩 커지면
그 곱은 8씩 커져요.

🥕 그림을 보고 ⬜ 안에 알맞은 수를 써넣으세요.

1

$8 \times 3 =$ ⬜

2

$8 \times 6 =$ ⬜

3

$8 \times 5 =$ ⬜

4

$8 \times 2 =$ ⬜

5

$8 \times 4 =$ ⬜

🥕 ⬜ 안에 알맞은 수를 써넣으세요.

6 $8 \times 6 =$ ⬜

7 $8 \times 5 =$ ⬜

8 $8 \times 4 =$ ⬜

9 $8 \times 7 =$ ⬜

10 $8 \times 2 =$ ⬜

11 $8 \times 9 =$ ⬜

12 $8 \times 8 =$ ⬜

13 $8 \times 3 =$ ⬜

🥕 8단 곱셈구구를 완성해 보세요.

14

$8 \times 1 = 8$

$8 \times \boxed{} = 16$

$8 \times 3 = 24$

$8 \times 4 = \boxed{}$

$8 \times 5 = \boxed{}$

$8 \times 6 = 48$

$8 \times 7 = \boxed{}$

$8 \times 8 = 64$

$8 \times \boxed{} = 72$

16

$8 \times \boxed{} = 8$

$8 \times 2 = 16$

$8 \times 3 = \boxed{}$

$8 \times 4 = 32$

$8 \times 5 = 40$

$8 \times \boxed{} = 48$

$8 \times 7 = 56$

$8 \times 8 = \boxed{}$

$8 \times 9 = \boxed{}$

18

$8 \times 1 = 8$

$8 \times 2 = \boxed{}$

$8 \times 3 = 24$

$8 \times 4 = \boxed{}$

$8 \times \boxed{} = 40$

$8 \times 6 = 48$

$8 \times \boxed{} = 56$

$8 \times \boxed{} = 64$

$8 \times 9 = 72$

15

$8 \times 1 = \boxed{}$

$8 \times 2 = \boxed{}$

$8 \times 3 = 24$

$8 \times 4 = 32$

$8 \times \boxed{} = 40$

$8 \times 6 = 48$

$8 \times 7 = 56$

$8 \times \boxed{} = 64$

$8 \times 9 = \boxed{}$

17

$8 \times 1 = 8$

$8 \times 2 = 16$

$8 \times \boxed{} = 24$

$8 \times \boxed{} = 32$

$8 \times 5 = 40$

$8 \times 6 = \boxed{}$

$8 \times \boxed{} = 56$

$8 \times 8 = 64$

$8 \times \boxed{} = 72$

19

$8 \times 1 = \boxed{}$

$8 \times 2 = 16$

$8 \times 3 = \boxed{}$

$8 \times 4 = 32$

$8 \times 5 = 40$

$8 \times \boxed{} = 48$

$8 \times 7 = \boxed{}$

$8 \times 8 = \boxed{}$

$8 \times 9 = 72$

맞힌 개수	나의 학습 결과에 ○표 하세요.			
	맞힌 개수	0~2개	3~10개	11~17개	18~19개
개 /19개	학습 방법	다시 한번 풀어 봐요.	계산 연습이 필요해요.	틀린 문제를 확인해요.	실수하지 않도록 집중해요.

QR 빠른정답 확인

🥕 빈칸에 두 수의 곱을 써넣으세요.

1

8	5

2

8	6

3

8	3

4

8	7

5

8	2

6

8	4

🥕 ☐ 안에 알맞은 수를 써넣으세요.

7

8　×☐　24

8

8　×☐　16

9

8　×☐　64

10

8　×☐　72

11

8　×☐　40

12

8　×☐　48

연산 in 문장제

팔찌 한 개를 만드는 데 구슬이 8개 필요합니다. 팔찌 5개를 만드는 데 필요한 구슬은 모두 몇 개인지 구해 보세요.

$$\underline{8} \times \underline{5} = \underline{40}^{(개)}$$

팔찌 한 개를 만드는 데　팔찌　팔찌 5개를 만드는 데
필요한 구슬 수　수　필요한 구슬 수

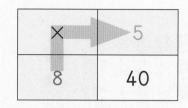

×	→ 5
8	40

---

13 코끼리 열차 한 칸에 8명씩 탈 수 있습니다. 코끼리 열차 7칸에 탈 수 있는 사람은 모두 몇 명인지 구해 보세요.

답 _____

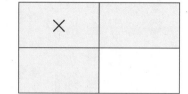

×	

---

14 문어 한 마리의 다리는 8개입니다. 문어 6마리의 다리는 모두 몇 개인지 구해 보세요.

답 _____

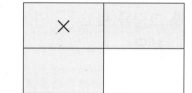

×	

---

15 강당에 학생들이 한 줄에 8명씩 서 있습니다. 3줄에 서 있는 학생은 모두 몇 명인지 구해 보세요.

답 _____

×	

---

16 상자 한 개에 감자가 8개씩 들어 있습니다. 상자 4개에 들어 있는 감자는 모두 몇 개인지 구해 보세요.

답 _____

×	

---

17 한 묶음에 공책이 8권씩 있습니다. 8묶음에 있는 공책은 모두 몇 권인지 구해 보세요.

답 _____

×	

맞힌 개수	나의 학습 결과에 ○표 하세요.				QR 빠른 정답 확인
	맞힌 개수	0~2개	3~8개	9~15개	16~17개	
개 /17개	학습 방법	다시 한번 풀어 봐요.	계산 연습이 필요해요.	틀린 문제를 확인해요.	실수하지 않도록 집중해요.	

$9 \times 1 = 9$
$9 \times 2 = 18$
$9 \times 3 = 27$
$9 \times 4 = 36$
$9 \times 5 = 45$
$9 \times 6 = 54$
$9 \times 7 = 63$
$9 \times 8 = 72$
$9 \times 9 = 81$
+9

9단 곱셈구구에서 곱하는 수가 1씩 커지면 그 곱은 9씩 커져요.

🥕 그림을 보고 ☐ 안에 알맞은 수를 써넣으세요.

1

$9 \times 6 = \boxed{}$

2

$9 \times 4 = \boxed{}$

3

$9 \times 2 = \boxed{}$

4

$9 \times 5 = \boxed{}$

5

$9 \times 3 = \boxed{}$

🥕 ☐ 안에 알맞은 수를 써넣으세요.

6 $9 \times 7 = \boxed{}$

7 $9 \times 5 = \boxed{}$

8 $9 \times 4 = \boxed{}$

9 $9 \times 3 = \boxed{}$

10 $9 \times 9 = \boxed{}$

11 $9 \times 6 = \boxed{}$

12 $9 \times 8 = \boxed{}$

13 $9 \times 2 = \boxed{}$

🐹 9단 곱셈구구를 완성해 보세요.

14

$9 \times 1 = 9$

$9 \times 2 = \boxed{}$

$9 \times 3 = \boxed{}$

$9 \times 4 = 36$

$9 \times 5 = 45$

$9 \times \boxed{} = 54$

$9 \times 7 = 63$

$9 \times \boxed{} = 72$

$9 \times 9 = \boxed{}$

16

$9 \times 1 = 9$

$9 \times \boxed{} = 18$

$9 \times 3 = 27$

$9 \times 4 = \boxed{}$

$9 \times \boxed{} = 45$

$9 \times 6 = \boxed{}$

$9 \times 7 = \boxed{}$

$9 \times 8 = 72$

$9 \times 9 = 81$

18

$9 \times 1 = \boxed{}$

$9 \times 2 = 18$

$9 \times \boxed{} = 27$

$9 \times 4 = 36$

$9 \times 5 = \boxed{}$

$9 \times 6 = 54$

$9 \times \boxed{} = 63$

$9 \times 8 = 72$

$9 \times \boxed{} = 81$

15

$9 \times 1 = \boxed{}$

$9 \times 2 = 18$

$9 \times \boxed{} = 27$

$9 \times 4 = \boxed{}$

$9 \times 5 = 45$

$9 \times 6 = 54$

$9 \times 7 = 63$

$9 \times 8 = \boxed{}$

$9 \times \boxed{} = 81$

17

$9 \times \boxed{} = 9$

$9 \times 2 = \boxed{}$

$9 \times 3 = 27$

$9 \times \boxed{} = 36$

$9 \times 5 = 45$

$9 \times \boxed{} = 54$

$9 \times \boxed{} = 63$

$9 \times 8 = 72$

$9 \times 9 = 81$

19

$9 \times 1 = 9$

$9 \times 2 = 18$

$9 \times 3 = \boxed{}$

$9 \times 4 = 36$

$9 \times \boxed{} = 45$

$9 \times 6 = 54$

$9 \times 7 = \boxed{}$

$9 \times \boxed{} = 72$

$9 \times 9 = \boxed{}$

맞힌 개수	나의 학습 결과에 ○표 하세요.					QR 빠른 정답 확인
	맞힌 개수	0~2개	3~10개	11~17개	18~19개	
개 /19개	학습 방법	다시 한번 풀어 봐요.	계산 연습이 필요해요.	틀린 문제를 확인해요.	실수하지 않도록 집중해요.	

8. 9단 곱셈구구

🥕 빈칸에 알맞은 수를 써넣으세요.

1

9	4	

2

9	8	

3
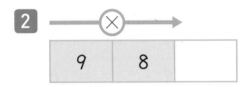

9	5	

4

9	3	

5

9	7	

6

9	9	

🥕 ☐ 안에 알맞은 수를 써넣으세요.

7

9 → × ☐ → 72

8

9 → × ☐ → 54

9
9 → × ☐ → 18

10
9 → × ☐ → 45

11
9 → × ☐ → 36

12
9 → × ☐ → 63

연산 in 문장제

상자 한 개에 복숭아가 9개씩 들어 있습니다. 상자 6개에 들어 있는 복숭아는 모두 몇 개인지 구해 보세요.

$$9 \times 6 = 54 \text{(개)}$$

상자 한 개에 들어 있는 복숭아 수 — 상자 수 — 전체 복숭아 수

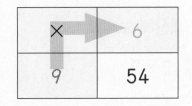

×	→ 6
9	54

---

13 배 한 척에 9명씩 탈 수 있습니다. 배 3척에 탈 수 있는 사람은 모두 몇 명인지 구해 보세요.

'척'은 배를 세는 단위예요.

답 _____

→

×	

---

14 철사 한 도막의 길이는 9 cm입니다. 같은 길이의 철사 4도막의 길이는 모두 몇 cm인지 구해 보세요.

답 _____

→

×	

---

15 책꽂이 한 칸에 책이 9권씩 꽂혀 있습니다. 책꽂이 7칸에 꽂혀 있는 책은 모두 몇 권인지 구해 보세요.

답 _____

→

×	

---

16 한 통에 바둑돌이 9개씩 들어 있습니다. 9통에 들어 있는 바둑돌은 모두 몇 개인지 구해 보세요.

답 _____

→

×	

---

17 한 묶음에 색종이가 9장씩 있습니다. 5묶음에 있는 색종이는 모두 몇 장인지 구해 보세요.

답 _____

→

×	

맞힌 개수	나의 학습 결과에 ○표 하세요.				QR 빠른정답 확인
	맞힌 개수	0~2개	3~8개	9~15개	16~17개	
개 /17개	학습 방법	다시 한번 풀어 봐요.	계산 연습이 필요해요.	틀린 문제를 확인해요.	실수하지 않도록 집중해요.	

9. 2~9단 곱셈구구

🥕 계산해 보세요.

1 2×3

9 2×4

17 2×2

2 3×4

10 3×5

18 3×7

3 4×5

11 4×6

19 4×8

4 5×6

12 5×7

20 5×3

5 6×2

13 6×3

21 6×6

6 7×3

14 7×4

22 7×9

7 8×8

15 8×7

23 8×5

8 9×5

16 9×6

24 9×2

🐹 빈칸에 두 수의 곱을 써넣으세요.

25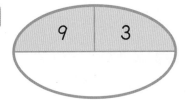

26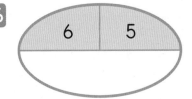

27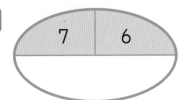

28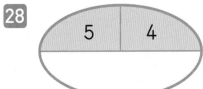

29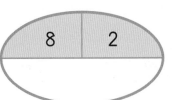

30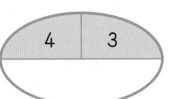

31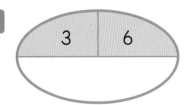

32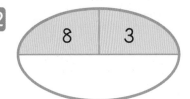

33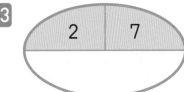

34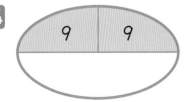

35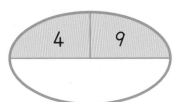

36

맞힌 개수	나의 학습 결과에 ○표 하세요.				QR 빠른 정답 확인
	맞힌 개수	0~4개	5~18개	19~32개	33~36개
개 /36개	학습 방법	다시 한번 풀어 봐요.	계산 연습이 필요해요.	틀린 문제를 확인해요.	실수하지 않도록 집중해요.

🥕 □ 안에 알맞은 수를 써넣으세요.

1 $2 \times \square = 16$

9 $2 \times \square = 18$

17 $2 \times \square = 12$

2 $3 \times \square = 9$

10 $3 \times \square = 24$

18 $3 \times \square = 6$

3 $4 \times \square = 16$

11 $4 \times \square = 28$

19 $4 \times \square = 12$

4 $5 \times \square = 10$

12 $5 \times \square = 40$

20 $5 \times \square = 25$

5 $6 \times \square = 30$

13 $6 \times \square = 24$

21 $6 \times \square = 54$

6 $7 \times \square = 49$

14 $7 \times \square = 14$

22 $7 \times \square = 56$

7 $8 \times \square = 24$

15 $8 \times \square = 72$

23 $8 \times \square = 48$

8 $9 \times \square = 36$

16 $9 \times \square = 27$

24 $9 \times \square = 63$

🥕 ☐ 안에 알맞은 수를 써넣으세요.

25
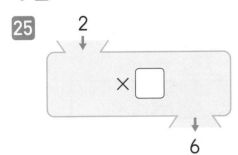
2 × ☐ → 6

26
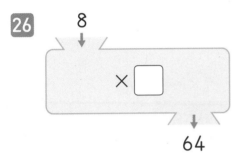
8 × ☐ → 64

27
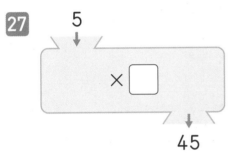
5 × ☐ → 45

28
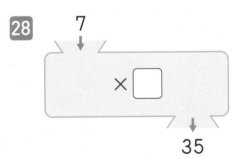
7 × ☐ → 35

29
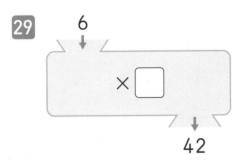
6 × ☐ → 42

30
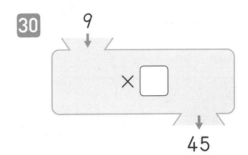
9 × ☐ → 45

31
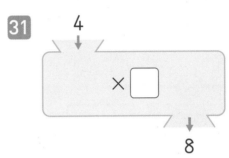
4 × ☐ → 8

32
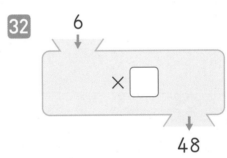
6 × ☐ → 48

33
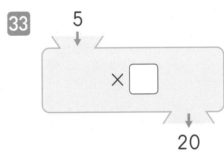
5 × ☐ → 20

34
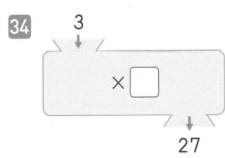
3 × ☐ → 27

맞힌 개수	나의 학습 결과에 ○표 하세요.				QR 빠른 정답 확인
	맞힌 개수	0~3개	4~17개	18~31개	32~34개
개 /34개	학습 방법	다시 한번 풀어 봐요.	계산 연습이 필요해요.	틀린 문제를 확인해요.	실수하지 않도록 집중해요.

9. 2~9단 곱셈구구

빈칸에 알맞은 수를 써넣으세요.

1

2

3
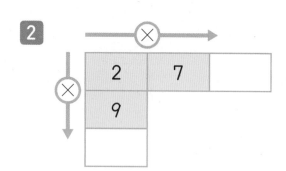

6

7
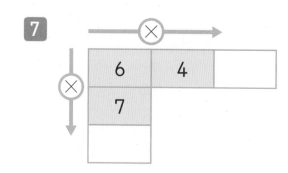

8

4
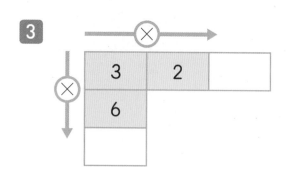

5

9
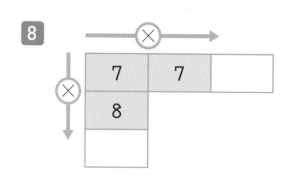

10

🐿 ☐ 안에 알맞은 수를 써넣으세요.

11 3 → × ☐ → 15

17 5 → × ☐ → 35

12 9 → × ☐ → 72

18 6 → × ☐ → 48

13 3 → × ☐ → 21

19 2 → × ☐ → 16

14 8 → × ☐ → 16

20 3 → × ☐ → 9

15 4 → × ☐ → 16

21 8 → × ☐ → 72

16 7 → × ☐ → 42

22 4 → × ☐ → 8

맞힌 개수	나의 학습 결과에 ○표 하세요.				QR 빠른정답 확인
	맞힌 개수	0~2개	3~11개	12~20개	21~22개
개 /22개	학습 방법	다시 한번 풀어 봐요.	계산 연습이 필요해요.	틀린 문제를 확인해요.	실수하지 않도록 집중해요.

$1 \times (어떤 수) = (어떤 수)$

$0 \times (어떤 수) = 0$

$(어떤 수) \times 0 = 0$

1×8=8과 같이 1과 어떤 수의 곱은 항상 어떤 수가 되고
0×9=0, 9×0=0과 같이 0과 어떤 수의 곱, 어떤 수와 0의 곱은 항상 0이에요.

접시에 있는 빵의 수를 구하려고 합니다. ☐ 안에 알맞은 수를 써넣으세요.

1

$1 \times 3 = \boxed{}$

2

$1 \times 4 = \boxed{}$

3

$1 \times 2 = \boxed{}$

4

$1 \times 6 = \boxed{}$

5

$1 \times 5 = \boxed{}$

접시에 있는 딸기의 수를 구하려고 합니다. ☐ 안에 알맞은 수를 써넣으세요.

6

$0 \times 2 = \boxed{}$

7

$0 \times 5 = \boxed{}$

8

$0 \times 4 = \boxed{}$

9

$0 \times 6 = \boxed{}$

10

$0 \times 3 = \boxed{}$

11

$0 \times 7 = \boxed{}$

12

$0 \times 8 = \boxed{}$

🥕 □ 안에 알맞은 수를 써넣으세요.

13　$1 \times 2 = \boxed{}$　　　21　$0 \times 4 = \boxed{}$　　　29　$1 \times \boxed{} = 5$

14　$1 \times 4 = \boxed{}$　　　22　$0 \times 8 = \boxed{}$　　　30　$1 \times \boxed{} = 7$

15　$1 \times 8 = \boxed{}$　　　23　$0 \times 3 = \boxed{}$　　　31　$1 \times \boxed{} = 4$

16　$1 \times 3 = \boxed{}$　　　24　$0 \times 7 = \boxed{}$　　　32　$1 \times \boxed{} = 6$

17　$1 \times 7 = \boxed{}$　　　25　$5 \times 0 = \boxed{}$　　　33　$\boxed{} \times 2 = 0$

18　$1 \times 5 = \boxed{}$　　　26　$9 \times 0 = \boxed{}$　　　34　$\boxed{} \times 9 = 0$

19　$1 \times 9 = \boxed{}$　　　27　$2 \times 0 = \boxed{}$　　　35　$3 \times \boxed{} = 0$

20　$1 \times 6 = \boxed{}$　　　28　$6 \times 0 = \boxed{}$　　　36　$8 \times \boxed{} = 0$

맞힌 개수	나의 학습 결과에 ○표 하세요.			
	맞힌 개수	0~4개	5~18개	19~32개	33~36개
개 /36개	학습 방법	다시 한번 풀어 봐요.	계산 연습이 필요해요.	틀린 문제를 확인해요.	실수하지 않도록 집중해요.

QR 빠른 정답 확인

🥕 빈칸에 두 수의 곱을 써넣으세요.

1
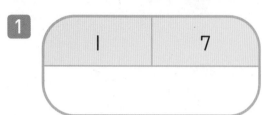

2

3
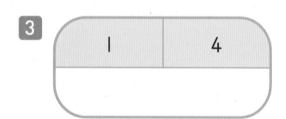

4

5
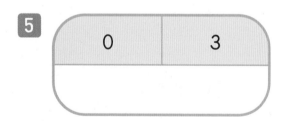

6
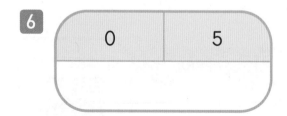

🥕 ☐ 안에 알맞은 수를 써넣으세요.

7
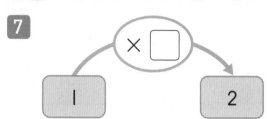

8
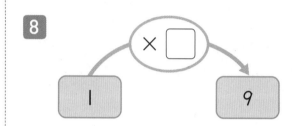

9
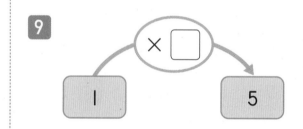

10
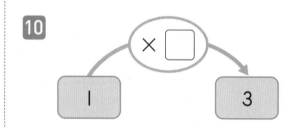

11
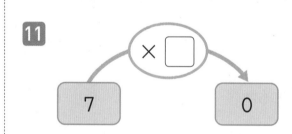

12
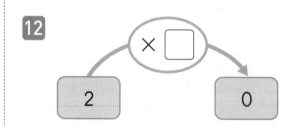

연산 in 문장제

상자 한 개에 컵이 1개씩 들어 있습니다. 상자 3개에 들어 있는 컵은 모두 몇 개인지 구해 보세요.

$$1 \times 3 = 3 \text{(개)}$$

상자 한 개에   상자   전체
들어 있는 컵 수   수   컵 수

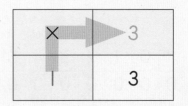

13 선경이는 친구들에게 수첩을 1개씩 나누어 주려고 합니다. 친구 6명에게 나누어 주려면 필요한 수첩은 모두 몇 개인지 구해 보세요.

답 _____

14 한 봉지에 배가 1개씩 들어 있습니다. 5봉지에 들어 있는 배는 모두 몇 개인지 구해 보세요.

답 _____

15 로운이는 하루에 주스를 1컵씩 마십니다. 로운이가 7일 동안 마신 주스는 모두 몇 컵인지 구해 보세요.

답 _____

16 주머니에 있는 공을 꺼내어 공에 적힌 수만큼 점수를 얻는 놀이를 하였습니다. 수현이가 0이 적힌 공을 6번 꺼냈다면 수현이가 얻은 점수는 몇 점인지 구해 보세요.

답 _____

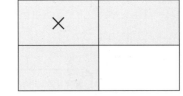

17 화살을 쏘아 과녁을 맞히면 1점, 과녁을 맞히지 못하면 0점을 얻는 놀이를 하였습니다. 영주가 화살을 4번 쏘아 과녁을 한 번도 맞히지 못했다면 영주의 점수는 몇 점인지 구해 보세요.

답 _____

맞힌 개수	나의 학습 결과에 ○표 하세요.				QR 빠른정답 확인
	맞힌 개수	0~2개	3~8개	9~15개	16~17개	
개 /17개	학습 방법	다시 한번 풀어 봐요.	계산 연습이 필요해요.	틀린 문제를 확인해요.	실수하지 않도록 집중해요.	

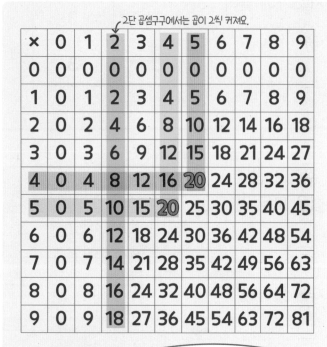

2단 곱셈구구에서는 곱이 2씩 커져요.

×	0	1	2	3	4	5	6	7	8	9
0	0	0	0	0	0	0	0	0	0	0
1	0	1	2	3	4	5	6	7	8	9
2	0	2	4	6	8	10	12	14	16	18
3	0	3	6	9	12	15	18	21	24	27
4	0	4	8	12	16	20	24	28	32	36
5	0	5	10	15	20	25	30	35	40	45
6	0	6	12	18	24	30	36	42	48	54
7	0	7	14	21	28	35	42	49	56	63
8	0	8	16	24	32	40	48	56	64	72
9	0	9	18	27	36	45	54	63	72	81

4×5=20, 5×4=20과 같이 곱하는 두 수의 순서를 바꾸어 곱해도 곱은 같아요.

🥕 빈칸에 알맞은 수를 써넣으세요.

1

×	1	2	3	4	5	6
1						

 ■단 곱셈구구에서는 곱이 ■씩 커져요.

2

×	1	2	3	4	5	6
2						

3

×	1	2	3	4	5	6
3						

4

×	1	2	3	4	5	6
4						

5

×	1	2	3	4	5	6
5						

6

×	1	2	3	4	5	6
6						

7

×	1	2	3	4	5	6
7						

8

×	1	2	3	4	5	6
8						

9

×	1	2	3	4	5	6
9						

곱셈표를 완성해 보세요.

10

×	3	6	9
1			
3			
4			

14

×	5	6	7
2			
6			
8			

18

×	2	5	8
1			
4			
6			

11

×	3	6	9
5			
6			
7			

15

×	5	6	7
3			
4			
9			

19

×	2	5	8
5			
8			
9			

12

×	1	4	8
2			
5			
9			

16

×	2	3	9
2			
5			
8			

20

×	4	6	7
1			
6			
7			

13

×	1	4	8
1			
3			
7			

17

×	2	3	9
3			
7			
9			

21

×	4	6	7
2			
4			
8			

맞힌 개수
개 / 21개

나의 학습 결과에 ○표 하세요.

맞힌 개수	0~2개	3~10개	11~19개	20~21개
학습 방법	다시 한번 풀어 봐요.	계산 연습이 필요해요.	틀린 문제를 확인해요.	실수하지 않도록 집중해요.

QR 빠른 정답 확인

🥕 빈칸에 알맞은 수를 써넣으세요.

1

×	0	1	2	3	4	5
0						

8

×	4	5	6	7	8	9
1						

2

×	0	1	2	3	4	5
1						

9

×	4	5	6	7	8	9
2						

3

×	0	1	2	3	4	5
3						

10

×	4	5	6	7	8	9
4						

4

×	0	1	2	3	4	5
5						

11

×	4	5	6	7	8	9
6						

5

×	0	1	2	3	4	5
6						

12

×	4	5	6	7	8	9
7						

6

×	0	1	2	3	4	5
7						

13

×	4	5	6	7	8	9
8						

7

×	0	1	2	3	4	5
8						

14

×	4	5	6	7	8	9
9						

🐹 곱셈표를 완성해 보세요.

15

×	l	6	7
4			
5			
6			

19

×	4	5	9
l			
2			
9			

23

×	2	5	7
l			
2			
8			

16

×	l	6	7
2			
7			
9			

20

×	4	5	9
4			
7			
8			

24

×	2	5	7
3			
6			
7			

17

×	2	3	8
l			
4			
8			

21

×	l	3	4
2			
3			
4			

25

×	6	8	9
2			
6			
9			

18

×	2	3	8
3			
5			
9			

22

×	l	3	4
5			
6			
7			

26

×	6	8	9
3			
5			
7			

맞힌 개수	나의 학습 결과에 ○표 하세요.				QR 빠른 정답 확인
	맞힌 개수	0~3개	4~13개	14~23개	24~26개	
개 /26개	학습 방법	다시 한번 풀어 봐요.	계산 연습이 필요해요.	틀린 문제를 확인해요.	실수하지 않도록 집중해요.	

🥕 빈칸에 알맞은 수를 써넣으세요.

1

×	1	4	5	6	8	9
1						

8

×	2	3	5	7	8	9
0						

2

×	1	4	5	6	8	9
2						

9

×	2	3	5	7	8	9
3						

3

×	1	4	5	6	8	9
4						

10

×	2	3	5	7	8	9
5						

4

×	1	4	5	6	8	9
5						

11

×	2	3	5	7	8	9
6						

5

×	1	4	5	6	8	9
6						

12

×	2	3	5	7	8	9
7						

6

×	1	4	5	6	8	9
7						

13

×	2	3	5	7	8	9
8						

7

×	1	4	5	6	8	9
8						

14

×	2	3	5	7	8	9
9						

🥕 곱셈표를 완성하고 곱이 주어진 수보다 큰 칸을 모두 찾아 색칠해 보세요.

15 20

×	2	3	4	5	6
3					
4					
5					
6					
7					

🥕 곱셈표를 완성하고 곱이 주어진 수와 같은 칸을 모두 찾아 색칠해 보세요.

17 15

×	1	2	3	4	5
2					
3					
4					
5					
6					

16 30

×	5	6	7	8	9
2					
3					
4					
5					
6					

18 24

×	3	4	5	6	7
3					
4					
5					
6					
7					

맞힌 개수	나의 학습 결과에 ○표 하세요.					QR 빠른정답 확인
	맞힌 개수	0~2개	3~9개	10~16개	17~18개	
개 /18개	학습 방법	다시 한번 풀어 봐요.	계산 연습이 필요해요.	틀린 문제를 확인해요.	실수하지 않도록 집중해요.	

□ 안에 알맞은 수를 써넣으세요.

1 $2 \times 6 = \boxed{}$

2 $3 \times 7 = \boxed{}$

3 $4 \times 8 = \boxed{}$

4 $5 \times 5 = \boxed{}$

5 $6 \times 4 = \boxed{}$

6 $6 \times 9 = \boxed{}$

7 $7 \times 3 = \boxed{}$

8 $7 \times 7 = \boxed{}$

9 $8 \times 3 = \boxed{}$

10 $8 \times 6 = \boxed{}$

11 $9 \times 2 = \boxed{}$

12 $9 \times 3 = \boxed{}$

13 $1 \times 4 = \boxed{}$

14 $1 \times 6 = \boxed{}$

15 $0 \times 5 = \boxed{}$

16 $4 \times 0 = \boxed{}$

17 $2 \times \boxed{} = 16$

18 $3 \times \boxed{} = 18$

19 $4 \times \boxed{} = 36$

20 $5 \times \boxed{} = 20$

21 $6 \times \boxed{} = 18$

22 $7 \times \boxed{} = 35$

23 $1 \times \boxed{} = 7$

24 $3 \times \boxed{} = 0$

빈칸에 알맞은 수를 써넣으세요.

○ 안에 알맞은 수를 써넣으세요.

25
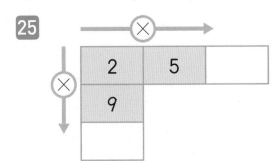

26
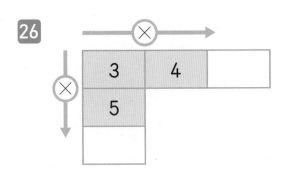

27
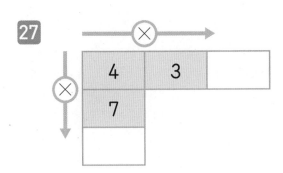

28
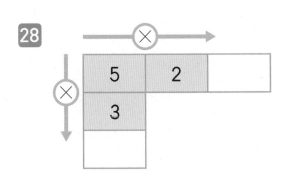

29
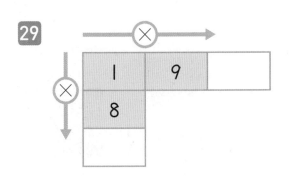

30
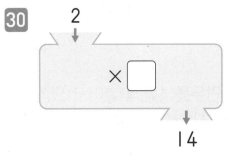

31
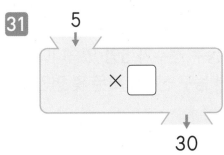

32
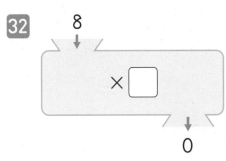

곱셈표를 완성해 보세요.

33

×	1	2	3
2			
3			
5			

34

×	4	5	6
4			
7			
9			

정답 **17**쪽

35 한 봉지에 자두가 3개씩 들어 있습니다. 7봉지에 들어 있는 자두는 모두 몇 개인지 구해 보세요.

답 _____

36 한 판에 만두를 4개씩 넣어서 쪘습니다. 2판에 찐 만두는 모두 몇 개인지 구해 보세요.

답 _____

37 한 팀에 농구 선수가 5명 있습니다. 8팀이 모여서 농구 경기를 한다면 농구 선수는 모두 몇 명인지 구해 보세요.

답 _____

38 한 상자에 배가 6개씩 들어 있습니다. 2상자에 들어 있는 배는 모두 몇 개인지 구해 보세요.

답 _____

39 민석이의 나이는 9살입니다. 민석이 아버지의 나이는 민석이의 나이의 5배입니다. 민석이 아버지는 몇 살인지 구해 보세요.

답 _____

40 상자에 있는 공을 꺼내어 공에 적힌 수만큼 점수를 얻는 놀이를 하였습니다. 영은이가 1이 적힌 공을 3번 꺼냈다면 영은이가 얻은 점수는 모두 몇 점인지 구해 보세요.

답 _____

41 어항에 거북이 한 마리도 없습니다. 어항 7개에 있는 거북은 모두 몇 마리인지 구해 보세요.

답 _____

연산 노트

맞힌 개수	나의 학습 결과에 ○표 하세요.			
	맞힌 개수	0~4개	5~20개	21~37개	38~41개
개 /41개	학습 방법	다시 한번 풀어 봐요.	계산 연습이 필요해요.	틀린 문제를 확인해요.	실수하지 않도록 집중해요.

QR 빠른정답 확인

3

길이 재기

1. m와 cm 단위 사이의 관계

100 cm = **1 m**
'1 미터'라고 읽어요.

130 cm
= 1 m 30 cm
'1 미터 30 센티미터'라고 읽어요.

130 cm는 1 m보다
30 cm 더 길어요.
130 cm를 1 m 30 cm
라고 쓸 수 있어요.

🥕 ☐ 안에 알맞은 수를 써넣으세요.

1 2 m = ☐ cm

■ m를 ■00 cm로 써요.

2 3 m = ☐ cm

3 5 m = ☐ cm

4 6 m = ☐ cm

5 8 m = ☐ cm

6 9 m = ☐ cm

7 10 m = ☐ cm

8 11 m = ☐ cm

9 13 m = ☐ cm

10 15 m = ☐ cm

11 300 cm = ☐ m

12 400 cm = ☐ m

13 500 cm = ☐ m

14 700 cm = ☐ m

15 800 cm = ☐ m

16 900 cm = ☐ m

17 1200 cm = ☐ m

18 1400 cm = ☐ m

19 1600 cm = ☐ m

20 I m 50 cm = ☐ cm

21 I m 60 cm = ☐ cm

22 2 m 10 cm = ☐ cm

23 3 m 40 cm = ☐ cm

24 4 m 20 cm = ☐ cm

25 5 m 90 cm = ☐ cm

26 6 m 30 cm = ☐ cm

27 7 m 80 cm = ☐ cm

28 170 cm = ☐ m ☐ cm

29 180 cm = ☐ m ☐ cm

30 250 cm = ☐ m ☐ cm

31 310 cm = ☐ m ☐ cm

32 460 cm = ☐ m ☐ cm

33 530 cm = ☐ m ☐ cm

34 620 cm = ☐ m ☐ cm

35 790 cm = ☐ m ☐ cm

맞힌 개수	나의 학습 결과에 ○표 하세요.				QR 빠른정답 확인
	맞힌 개수	0~3개	4~17개	18~32개	33~35개	
개 /35개	학습 방법	다시 한번 풀어 봐요.	계산 연습이 필요해요.	틀린 문제를 확인해요.	실수하지 않도록 집중해요.	

🥕 ☐ 안에 알맞은 수를 써넣으세요.

1 1 m 64 cm = ☐ cm

2 2 m 5 cm = ☐ cm

3 3 m 12 cm = ☐ cm

4 4 m 53 cm = ☐ cm

5 5 m 8 cm = ☐ cm

6 5 m 76 cm = ☐ cm

7 6 m 27 cm = ☐ cm

8 8 m 19 cm = ☐ cm

9 231 cm = ☐ m ☐ cm

10 395 cm = ☐ m ☐ cm

11 406 cm = ☐ m ☐ cm

12 514 cm = ☐ m ☐ cm

13 568 cm = ☐ m ☐ cm

14 609 cm = ☐ m ☐ cm

15 723 cm = ☐ m ☐ cm

16 987 cm = ☐ m ☐ cm

연산 in 문장제

성희의 키는 l m 55 cm입니다. 성희의 키는 몇 cm인지 구해 보세요.

| l m | → | 100 cm |
| 55 cm | → | 55 cm |

$$\underset{\substack{\uparrow \\ 100\ cm}}{l\ m}\ 55\ cm = \underset{\substack{\uparrow \\ 성희의\ 키}}{155\ cm}$$

---

17 교실 문의 높이는 l m 90 cm입니다. 교실 문의 높이는 몇 cm인지 구해 보세요.

답 _____

| | m | → | | cm |
| | cm | → | | cm |

18 칠판의 긴 쪽의 길이는 2 m 85 cm입니다. 칠판의 긴 쪽의 길이는 몇 cm인지 구해 보세요.

답 _____

| | m | → | | cm |
| | cm | → | | cm |

19 자동차의 긴 쪽의 길이는 3 m 78 cm입니다. 자동차의 긴 쪽의 길이는 몇 cm인지 구해 보세요.

답 _____

| | m | → | | cm |
| | cm | → | | cm |

20 장식장의 높이는 145 cm입니다. 장식장의 높이는 몇 m 몇 cm인지 구해 보세요.

답 _____

| | cm | → | | m |
| | cm | → | | cm |

21 학교 운동장에 있는 나무의 높이는 252 cm입니다. 나무의 높이는 몇 m 몇 cm인지 구해 보세요.

답 _____

| | cm | → | | m |
| | cm | → | | cm |

22 학교에서 서점까지의 거리는 680 cm입니다. 학교에서 서점까지의 거리는 몇 m 몇 cm인지 구해 보세요.

답 _____

| | cm | → | | m |
| | cm | → | | cm |

맞힌 개수	나의 학습 결과에 ○표 하세요.				
	맞힌 개수	0~2개	3~11개	12~20개	21~22개
개 /22개	학습 방법	다시 한번 풀어 봐요.	계산 연습이 필요해요.	틀린 문제를 확인해요.	실수하지 않도록 집중해요.

QR 빠른 정답 확인

03 일차   2. 받아올림이 없는 길이의 덧셈

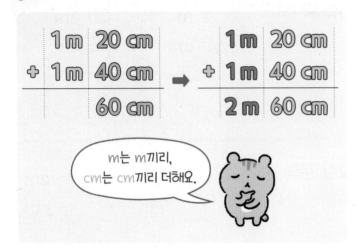

m는 m끼리,
cm는 cm끼리 더해요.

👣 계산해 보세요.

1

		m		cm
	1	m	30	cm
+	3	m	20	cm
		m		cm

2

		m		cm
	2	m	20	cm
+	3	m	10	cm
		m		cm

3

		m		cm
	3	m	40	cm
+	1	m	30	cm
		m		cm

4

		m		cm
	5	m	50	cm
+	2	m	40	cm
		m		cm

5

		m		cm
	6	m	40	cm
+	1	m	30	cm
		m		cm

6

		m		cm
	1	m	20	cm
+	1	m	13	cm
		m		cm

7

		m		cm
	2	m	15	cm
+	2	m	60	cm
		m		cm

8

		m		cm
	3	m	56	cm
+	2	m	10	cm
		m		cm

9

		m		cm
	4	m	28	cm
+	3	m	17	cm
		m		cm

10

		m		cm
	4	m	51	cm
+	3	m	42	cm
		m		cm

11

		m		cm
	5	m	44	cm
+	3	m	24	cm
		m		cm

12

		m		cm
	6	m	39	cm
+	2	m	46	cm
		m		cm

13

	m	cm
	1 m	60 cm
+	2 m	38 cm
	m	cm

20

	m	cm
	7 m	31 cm
+	2 m	49 cm
	m	cm

14

	m	cm
	2 m	23 cm
+	3 m	40 cm
	m	cm

21

	m	cm
	7 m	65 cm
+	3 m	19 cm
	m	cm

15

	m	cm
	3 m	45 cm
+	2 m	35 cm
	m	cm

22

	m	cm
	8 m	22 cm
+	3 m	12 cm
	m	cm

16

	m	cm
	4 m	34 cm
+	2 m	26 cm
	m	cm

23

	m	cm
	8 m	64 cm
+	8 m	16 cm
	m	cm

17

	m	cm
	5 m	17 cm
+	3 m	37 cm
	m	cm

24

	m	cm
	9 m	27 cm
+	5 m	38 cm
	m	cm

18

	m	cm
	6 m	54 cm
+	2 m	18 cm
	m	cm

25

	m	cm
	9 m	47 cm
+	8 m	36 cm
	m	cm

19

	m	cm
	6 m	89 cm
+	1 m	3 cm
	m	cm

26

	m	cm
	9 m	53 cm
+	4 m	21 cm
	m	cm

맞힌 개수	나의 학습 결과에 ○표 하세요.					QR 빠른 정답 확인
	맞힌 개수	0~3개	4~13개	14~23개	24~26개	
개 /26개	학습 방법	다시 한번 풀어 봐요.	계산 연습이 필요해요.	틀린 문제를 확인해요.	실수하지 않도록 집중해요.	

🥕 계산해 보세요.

1
```
     1 m 20 cm
+    2 m 10 cm
─────────────
       m     cm
```

2
```
     2 m 60 cm
+    4 m 20 cm
─────────────
       m     cm
```

3
```
     3 m 80 cm
+    3 m 10 cm
─────────────
       m     cm
```

4
```
     4 m 50 cm
+    4 m 20 cm
─────────────
       m     cm
```

5
```
     5 m 10 cm
+    3 m 40 cm
─────────────
       m     cm
```

6
```
     6 m 30 cm
+    2 m 30 cm
─────────────
       m     cm
```

7
```
     7 m 10 cm
+    2 m 70 cm
─────────────
       m     cm
```

8
```
     1 m 73 cm
+    1 m 14 cm
─────────────
       m     cm
```

9
```
     2 m 32 cm
+    3 m 10 cm
─────────────
       m     cm
```

10
```
     3 m 57 cm
+    4 m 41 cm
─────────────
       m     cm
```

11
```
     4 m 27 cm
+    2 m 31 cm
─────────────
       m     cm
```

12
```
     5 m 42 cm
+    4 m 35 cm
─────────────
       m     cm
```

13
```
     6 m 63 cm
+    3 m 10 cm
─────────────
       m     cm
```

14
```
     8 m 70 cm
+    1 m 25 cm
─────────────
       m     cm
```

15
```
    1 m 36 cm
+   7 m 58 cm
    ___ m ___ cm
```

16
```
    1 m 54 cm
+   3 m 29 cm
    ___ m ___ cm
```

17
```
    2 m 18 cm
+   4 m 71 cm
    ___ m ___ cm
```

18
```
    2 m 39 cm
+   5 m 47 cm
    ___ m ___ cm
```

19
```
    3 m  3 cm
+   6 m 55 cm
    ___ m ___ cm
```

20
```
    4 m 11 cm
+   5 m 49 cm
    ___ m ___ cm
```

21
```
    4 m 32 cm
+   3 m 43 cm
    ___ m ___ cm
```

22
```
    5 m 38 cm
+   7 m 12 cm
    ___ m ___ cm
```

23
```
    5 m 75 cm
+   9 m 17 cm
    ___ m ___ cm
```

24
```
    6 m 56 cm
+   8 m 29 cm
    ___ m ___ cm
```

25
```
    7 m 67 cm
+   2 m 19 cm
    ___ m ___ cm
```

26
```
    7 m 89 cm
+   1 m  4 cm
    ___ m ___ cm
```

27
```
    8 m 31 cm
+   2 m 43 cm
    ___ m ___ cm
```

28
```
    8 m 62 cm
+   8 m 28 cm
    ___ m ___ cm
```

맞힌 개수	나의 학습 결과에 ○표 하세요.				QR 빠른정답 확인
	맞힌 개수	0〜3개	4〜14개	15〜25개	26〜28개
개 /28개	학습 방법	다시 한번 풀어 봐요.	계산 연습이 필요해요.	틀린 문제를 확인해요.	실수하지 않도록 집중해요.

2. 받아올림이 없는 길이의 덧셈

🥕 계산해 보세요.

1 1 m 60 cm + 2 m 20 cm

2 2 m 40 cm + 4 m 50 cm

3 2 m 59 cm + 3 m 8 cm

4 3 m 25 cm + 4 m 31 cm

5 3 m 44 cm + 6 m 24 cm

6 4 m 20 cm + 3 m 39 cm

7 4 m 58 cm + 4 m 17 cm

8 5 m 36 cm + 1 m 56 cm

9 5 m 68 cm + 4 m 10 cm

10 6 m 14 cm + 5 m 41 cm

11 6 m 30 cm + 2 m 43 cm

12 7 m 32 cm + 2 m 29 cm

13 7 m 46 cm + 3 m 53 cm

14 8 m 11 cm + 1 m 22 cm

15 8 m 77 cm + 4 m 10 cm

16 9 m 48 cm + 1 m 26 cm

연산 in 문장제

현아가 가진 철사의 길이는 2 m 30 cm이고, 주아가 가진 철사의 길이는 1 m 55 cm입니다. 두 사람이 가진 철사의 길이의 합은 몇 m 몇 cm인지 구해 보세요.

	2	m	30	cm
+	1	m	55	cm
	3	m	85	cm

$$\underset{\substack{\uparrow \\ \text{현아가 가진} \\ \text{철사 길이}}}{2 \text{ m } 30 \text{ cm}} + \underset{\substack{\uparrow \\ \text{주아가 가진} \\ \text{철사 길이}}}{1 \text{ m } 55 \text{ cm}} = \underset{\substack{\uparrow \\ \text{두 사람이 가진} \\ \text{철사 길이}}}{3 \text{ m } 85 \text{ cm}}$$

17 길이가 1 m 27 cm인 색 테이프와 2 m 7 cm인 색 테이프를 겹치지 않게 이어 붙였습니다. 이어 붙인 색 테이프의 전체 길이는 몇 m 몇 cm인지 구해 보세요.

답 _____

		m		cm
+		m		cm
		m		cm

18 선호의 키는 1 m 34 cm이고, 태희의 키는 1 m 21 cm입니다. 두 사람의 키의 합은 몇 m 몇 cm인지 구해 보세요.

답 _____

		m		cm
+		m		cm
		m		cm

19 옷장의 짧은 쪽의 길이는 1 m 70 cm이고, 긴 쪽의 길이는 짧은 쪽보다 1 m 15 cm 더 깁니다. 옷장의 긴 쪽의 길이는 몇 m 몇 cm인지 구해 보세요.

답 _____

		m		cm
+		m		cm
		m		cm

20 도경이는 운동장에서 굴렁쇠를 3 m 45 cm 굴린 후 4 m 35 cm를 더 굴렸습니다. 도경이가 굴렁쇠를 굴린 거리는 몇 m 몇 cm인지 구해 보세요.

답 _____

		m		cm
+		m		cm
		m		cm

21 집에서 마트까지의 거리는 15 m 20 cm이고, 마트에서 문구점까지의 거리는 21 m 50 cm입니다. 집에서 마트를 지나 문구점까지의 거리는 몇 m 몇 cm인지 구해 보세요.

답 _____

		m		cm
+		m		cm
		m		cm

맞힌 개수	나의 학습 결과에 ○표 하세요.				
	맞힌 개수	0~2개	3~10개	11~19개	20~21개
개 /21개	학습 방법	다시 한번 풀어 봐요.	계산 연습이 필요해요.	틀린 문제를 확인해요.	실수하지 않도록 집중해요.

QR 빠른 정답 확인

3. 받아올림이 있는 길이의 덧셈

80 cm+40 cm=120 cm에서
100 cm를 1 m로 받아올림해요.

cm끼리의 합이 100이거나
100보다 크면 100 cm를
1 m로 받아올림해요.

🥕 계산해 보세요.

1

		m		cm
	1	m	20	cm
+	3	m	90	cm
		m		cm

2

		m		cm
	2	m	60	cm
+	3	m	70	cm
		m		cm

3

		m		cm
	4	m	40	cm
+	2	m	80	cm
		m		cm

4

		m		cm
	5	m	80	cm
+	1	m	70	cm
		m		cm

5

		m		cm
	6	m	90	cm
+	1	m	50	cm
		m		cm

6

		m		cm
	1	m	23	cm
+	2	m	80	cm
		m		cm

7

		m		cm
	1	m	98	cm
+	3	m	12	cm
		m		cm

8

		m		cm
	2	m	75	cm
+	2	m	71	cm
		m		cm

9

		m		cm
	3	m	62	cm
+	5	m	97	cm
		m		cm

10

		m		cm
	4	m	54	cm
+	2	m	56	cm
		m		cm

11

		m		cm
	5	m	65	cm
+	3	m	73	cm
		m		cm

12

		m		cm
	6	m	89	cm
+	1	m	24	cm
		m		cm

13

	m	cm
	1 m	70 cm
+	2 m	50 cm
	m	cm

14

	m	cm
	2 m	61 cm
+	4 m	85 cm
	m	cm

15

	m	cm
	2 m	17 cm
+	3 m	95 cm
	m	cm

16

	m	cm
	3 m	59 cm
+	5 m	48 cm
	m	cm

17

	m	cm
	3 m	91 cm
+	2 m	77 cm
	m	cm

18

	m	cm
	4 m	74 cm
+	4 m	27 cm
	m	cm

19

	m	cm
	4 m	92 cm
+	1 m	33 cm
	m	cm

20

	m	cm
	5 m	31 cm
+	3 m	84 cm
	m	cm

21

	m	cm
	6 m	63 cm
+	5 m	51 cm
	m	cm

22

	m	cm
	7 m	86 cm
+	8 m	69 cm
	m	cm

23

	m	cm
	8 m	34 cm
+	1 m	78 cm
	m	cm

24

	m	cm
	8 m	64 cm
+	2 m	66 cm
	m	cm

25

	m	cm
	9 m	45 cm
+	3 m	96 cm
	m	cm

26

	m	cm
	9 m	87 cm
+	5 m	82 cm
	m	cm

맞힌 개수	나의 학습 결과에 ○표 하세요.				QR 빠른 정답 확인

맞힌 개수	0~3개	4~13개	14~23개	24~26개
학습 방법	다시 한번 풀어 봐요.	계산 연습이 필요해요.	틀린 문제를 확인해요.	실수하지 않도록 집중해요.

개 / 26개

3. 받아올림이 있는 길이의 덧셈

🥕 계산해 보세요.

1
```
    1 m  80 cm
+   3 m  60 cm
    m       cm
```

2
```
    2 m  50 cm
+   4 m  80 cm
    m       cm
```

3
```
    3 m  80 cm
+   3 m  80 cm
    m       cm
```

4
```
    4 m  70 cm
+   1 m  40 cm
    m       cm
```

5
```
    5 m  60 cm
+   3 m  60 cm
    m       cm
```

6
```
    5 m  90 cm
+   2 m  40 cm
    m       cm
```

7
```
    6 m  90 cm
+   1 m  90 cm
    m       cm
```

8
```
    1 m  31 cm
+   5 m  76 cm
    m       cm
```

9
```
    2 m  83 cm
+   6 m  29 cm
    m       cm
```

10
```
    3 m  97 cm
+   2 m  55 cm
    m       cm
```

11
```
    4 m  48 cm
+   3 m  94 cm
    m       cm
```

12
```
    4 m  62 cm
+   4 m  65 cm
    m       cm
```

13
```
    5 m  74 cm
+   2 m  40 cm
    m       cm
```

14
```
    7 m  87 cm
+   1 m  51 cm
    m       cm
```

15
```
    1 m 75 cm
 +  2 m 83 cm
 ──────────────
      m     cm
```

22
```
    6 m 56 cm
 +  1 m 69 cm
 ──────────────
      m     cm
```

16
```
    1 m 94 cm
 +  6 m 52 cm
 ──────────────
      m     cm
```

23
```
    6 m 68 cm
 +  2 m 92 cm
 ──────────────
      m     cm
```

17
```
    2 m 26 cm
 +  5 m 91 cm
 ──────────────
      m     cm
```

24
```
    7 m 49 cm
 +  3 m 71 cm
 ──────────────
      m     cm
```

18
```
    3 m 81 cm
 +  5 m 39 cm
 ──────────────
      m     cm
```

25
```
    7 m 85 cm
 +  6 m 17 cm
 ──────────────
      m     cm
```

19
```
    4 m 77 cm
 +  2 m 42 cm
 ──────────────
      m     cm
```

26
```
    8 m 64 cm
 +  4 m 41 cm
 ──────────────
      m     cm
```

20
```
    4 m 82 cm
 +  4 m 63 cm
 ──────────────
      m     cm
```

27
```
    9 m 72 cm
 +  1 m 35 cm
 ──────────────
      m     cm
```

21
```
    5 m 47 cm
 +  3 m 86 cm
 ──────────────
      m     cm
```

28
```
    9 m 98 cm
 +  3 m 23 cm
 ──────────────
      m     cm
```

맞힌 개수	나의 학습 결과에 ○표 하세요.				QR 빠른정답 확인
개 /28개	맞힌 개수	0~3개	4~14개	15~25개	26~28개
	학습 방법	다시 한번 풀어 봐요.	계산 연습이 필요해요.	틀린 문제를 확인해요.	실수하지 않도록 집중해요.

3. 받아올림이 있는 길이의 덧셈

계산해 보세요.

1 1 m 60 cm + 3 m 50 cm

2 2 m 50 cm + 3 m 90 cm

3 2 m 70 cm + 6 m 54 cm

4 3 m 31 cm + 1 m 88 cm

5 3 m 85 cm + 5 m 43 cm

6 4 m 55 cm + 3 m 95 cm

7 4 m 29 cm + 2 m 84 cm

8 5 m 40 cm + 1 m 76 cm

9 5 m 61 cm + 4 m 47 cm

10 5 m 3 cm + 7 m 97 cm

11 6 m 30 cm + 2 m 80 cm

12 6 m 78 cm + 5 m 52 cm

13 7 m 36 cm + 3 m 87 cm

14 7 m 72 cm + 2 m 28 cm

15 8 m 49 cm + 5 m 66 cm

16 8 m 71 cm + 1 m 32 cm

연산 in 문장제

윤호 아버지의 키는 1 m 77 cm이고, 큰아버지의 키는 1 m 81 cm입니다. 두 사람의 키의 합은 몇 m 몇 cm인지 구해 보세요.

	m	77	cm
+	1 m	81	cm
	3 m	58	cm

$$1\,m\ 77\,cm + 1\,m\ 81\,cm = 3\,m\ 58\,cm$$
아버지의 키　　큰아버지의 키　　두 사람의 키의 합

17 지수는 멀리뛰기를 해서 1회에는 1 m 62 cm, 2회에는 1 m 83 cm를 뛰었습니다. 지수가 1회와 2회에 뛴 거리의 합은 몇 m 몇 cm인지 구해 보세요.

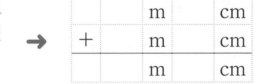

답 _____

18 영지는 길이가 1 m 75 cm인 책상 2개를 이어 붙였습니다. 이어 붙인 책상의 전체 길이는 몇 m 몇 cm인지 구해 보세요.

답 _____

19 거실의 짧은 쪽의 길이는 2 m 60 cm이고, 긴 쪽의 길이는 짧은 쪽보다 1 m 50 cm 더 깁니다. 거실의 긴 쪽의 길이는 몇 m 몇 cm인지 구해 보세요.

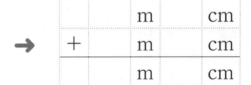

답 _____

20 진우가 가진 노끈의 길이는 2 m 94 cm이고, 재희가 가진 노끈의 길이는 2 m 34 cm입니다. 두 사람이 가진 노끈의 길이의 합은 몇 m 몇 cm인지 구해 보세요.

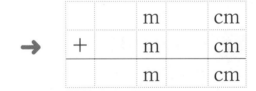

답 _____

21 집에서 놀이터까지의 거리는 20 m 55 cm이고, 놀이터에서 학교까지의 거리는 32 m 65 cm입니다. 집에서 놀이터를 지나 학교까지의 거리는 몇 m 몇 cm인지 구해 보세요.

답 _____

맞힌 개수	나의 학습 결과에 ○표 하세요.				QR 빠른정답 확인
	맞힌 개수	0~2개	3~10개	11~19개	20~21개	
개 /21개	학습 방법	다시 한번 풀어 봐요.	계산 연습이 필요해요.	틀린 문제를 확인해요.	실수하지 않도록 집중해요.	

4. 길이의 덧셈

계산해 보세요.

1
    1 m 48 cm
+ 3 m 43 cm
     m   cm

2
    1 m 50 cm
+ 5 m 30 cm
     m   cm

3
    2 m 36 cm
+ 4 m 31 cm
     m   cm

4
    2 m 60 cm
+ 3 m 20 cm
     m   cm

5
    3 m 34 cm
+ 2 m 64 cm
     m   cm

6
    3 m 40 cm
+ 4 m 20 cm
     m   cm

7
    4 m 16 cm
+ 2 m 22 cm
     m   cm

8
    4 m 30 cm
+ 2 m 20 cm
     m   cm

9
    5 m 18 cm
+ 4 m 65 cm
     m   cm

10
    5 m 22 cm
+ 1 m 74 cm
     m   cm

11
    6 m 29 cm
+ 3 m 59 cm
     m   cm

12
    6 m 60 cm
+ 2 m 30 cm
     m   cm

13
    7 m 7 cm
+ 3 m 28 cm
     m   cm

14
    7 m 42 cm
+ 2 m 13 cm
     m   cm

15
   1 m 50 cm
+ 3 m 90 cm
    m   cm

22
   4 m 60 cm
+ 4 m 60 cm
    m   cm

16
   1 m 90 cm
+ 7 m 70 cm
    m   cm

23
   5 m 71 cm
+ 1 m 34 cm
    m   cm

17
   2 m 80 cm
+ 4 m 70 cm
    m   cm

24
   5 m 88 cm
+ 2 m 52 cm
    m   cm

18
   2 m 93 cm
+ 5 m 23 cm
    m   cm

25
   6 m 51 cm
+ 2 m 75 cm
    m   cm

19
   3 m 65 cm
+ 2 m 45 cm
    m   cm

26
   6 m 77 cm
+ 5 m 38 cm
    m   cm

20
   3 m 89 cm
+ 2 m 24 cm
    m   cm

27
   7 m 46 cm
+ 2 m 92 cm
    m   cm

21
   4 m 47 cm
+ 1 m 83 cm
    m   cm

28
   7 m 86 cm
+ 4 m 17 cm
    m   cm

맞힌 개수	나의 학습 결과에 ○표 하세요.				QR 빠른정답 확인
	맞힌 개수	0~3개	4~14개	15~25개	26~28개
개 /28개	학습 방법	다시 한번 풀어 봐요.	계산 연습이 필요해요.	틀린 문제를 확인해요.	실수하지 않도록 집중해요.

4. 길이의 덧셈

🥕 계산해 보세요.

1 1 m 24 cm + 6 m 44 cm

2 1 m 35 cm + 2 m 5 cm

3 1 m 46 cm + 3 m 48 cm

4 2 m 50 cm + 3 m 40 cm

5 2 m 73 cm + 4 m 13 cm

6 3 m 12 cm + 3 m 31 cm

7 3 m 30 cm + 2 m 50 cm

8 4 m 55 cm + 2 m 20 cm

9 4 m 71 cm + 3 m 10 cm

10 5 m 61 cm + 3 m 22 cm

11 5 m 83 cm + 2 m 16 cm

12 6 m 47 cm + 2 m 42 cm

13 6 m 53 cm + 1 m 29 cm

14 7 m 45 cm + 1 m 17 cm

15 8 m 36 cm + 6 m 28 cm

16 9 m 19 cm + 4 m 37 cm

17 1 m 72 cm＋3 m 54 cm

24 4 m 96 cm＋4 m 49 cm

18 1 m 85 cm＋5 m 23 cm

25 5 m 60 cm＋3 m 51 cm

19 2 m 79 cm＋2 m 41 cm

26 5 m 74 cm＋1 m 65 cm

20 2 m 98 cm＋6 m 59 cm

27 6 m 78 cm＋2 m 38 cm

21 3 m 15 cm＋2 m 90 cm

28 6 m 81 cm＋1 m 43 cm

22 3 m 80 cm＋5 m 50 cm

29 7 m 63 cm＋1 m 39 cm

23 4 m 34 cm＋3 m 76 cm

30 7 m 97 cm＋5 m 87 cm

맞힌 개수	나의 학습 결과에 ○표 하세요.				QR 빠른정답 확인
	맞힌 개수	0~3개	4~15개	16~27개	28~30개
개 /30개	학습 방법	다시 한번 풀어 봐요.	계산 연습이 필요해요.	틀린 문제를 확인해요.	실수하지 않도록 집중해요.

4. 길이의 덧셈

🥕 빈칸에 알맞은 길이를 써넣으세요.

1
+4 m 70 cm
1 m 20 cm → ☐

8
+7 m 20 cm
1 m 90 cm → ☐

2
+3 m 20 cm
2 m 40 cm → ☐

9
+2 m 27 cm
2 m 91 cm → ☐

3
+3 m 38 cm
3 m 26 cm → ☐

10
+4 m 62 cm
3 m 46 cm → ☐

4
+2 m 20 cm
4 m 10 cm → ☐

11
+3 m 80 cm
4 m 30 cm → ☐

5
+1 m 23 cm
5 m 55 cm → ☐

12
+3 m 64 cm
5 m 96 cm → ☐

6
+2 m 33 cm
6 m 12 cm → ☐

13
+5 m 47 cm
6 m 77 cm → ☐

7
+1 m 51 cm
7 m 39 cm → ☐

14
+3 m 54 cm
7 m 69 cm → ☐

15
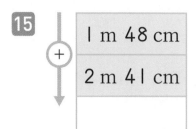

+	1 m 48 cm
	2 m 41 cm

19
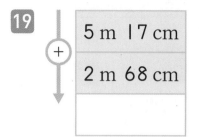

+	5 m 17 cm
	2 m 68 cm

23
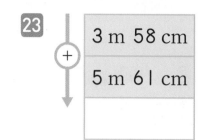

+	3 m 58 cm
	5 m 61 cm

16
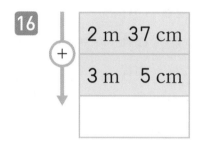

+	2 m 37 cm
	3 m 5 cm

20
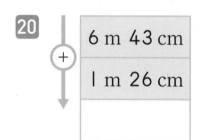

+	6 m 43 cm
	1 m 26 cm

24

+	4 m 90 cm
	4 m 70 cm

17

+	3 m 45 cm
	2 m 34 cm

21
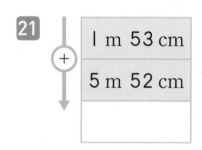

+	1 m 53 cm
	5 m 52 cm

25
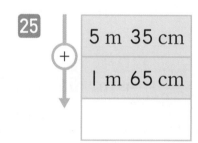

+	5 m 35 cm
	1 m 65 cm

18

+	4 m 50 cm
	1 m 30 cm

22

+	2 m 44 cm
	3 m 86 cm

26

+	6 m 15 cm
	2 m 92 cm

맞힌 개수	나의 학습 결과에 ○표 하세요.				
	맞힌 개수	0~3개	4~13개	14~23개	24~26개
개 /26개	학습 방법	다시 한번 풀어 봐요.	계산 연습이 필요해요.	틀린 문제를 확인해요.	실수하지 않도록 집중해요.

QR 빠른 정답 확인

5. 받아내림이 없는 길이의 뺄셈

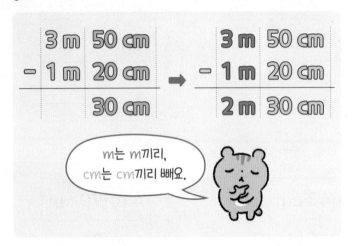

m는 m끼리,
cm는 cm끼리 빼요.

🥕 계산해 보세요.

1

		m	60	cm
−		1 m	30	cm
		m		cm

2

		4 m	70	cm
−		3 m	10	cm
		m		cm

3

		5 m	30	cm
−		1 m	20	cm
		m		cm

4

		5 m	50	cm
−		2 m	40	cm
		m		cm

5

		6 m	40	cm
−		1 m	10	cm
		m		cm

6

		3 m	56	cm
−		2 m	10	cm
		m		cm

7

		4 m	28	cm
−		1 m	11	cm
		m		cm

8

		4 m	59	cm
−		3 m	42	cm
		m		cm

9

		5 m	38	cm
−		3 m	24	cm
		m		cm

10

		5 m	75	cm
−		4 m	25	cm
		m		cm

11

		6 m	54	cm
−		2 m	34	cm
		m		cm

12

		9 m	86	cm
−		1 m	20	cm
		m		cm

13

	3	m	63	cm
−	1	m	48	cm
		m		cm

20

	7	m	80	cm
−	3	m	31	cm
		m		cm

14

	4	m	88	cm
−	2	m	36	cm
		m		cm

21

	8	m	51	cm
−	5	m	29	cm
		m		cm

15

	5	m	45	cm
−	4	m	35	cm
		m		cm

22

	8	m	70	cm
−	6	m	32	cm
		m		cm

16

	5	m	99	cm
−	3	m	37	cm
		m		cm

23

	9	m	82	cm
−	4	m	17	cm
		m		cm

17

	6	m	58	cm
−	1	m	33	cm
		m		cm

24

	9	m	93	cm
−	7	m	46	cm
		m		cm

18

	6	m	64	cm
−	3	m	40	cm
		m		cm

25

	10	m	15	cm
−	6	m	8	cm
		m		cm

19

	7	m	69	cm
−	4	m	19	cm
		m		cm

26

	10	m	61	cm
−	8	m	16	cm
		m		cm

맞힌 개수	나의 학습 결과에 ○표 하세요.				QR 빠른정답 확인
개 /26개	맞힌 개수	0~3개	4~13개	14~23개	24~26개
	학습 방법	다시 한번 풀어 봐요.	계산 연습이 필요해요.	틀린 문제를 확인해요.	실수하지 않도록 집중해요.

5. 받아내림이 없는 길이의 뺄셈

🥕 계산해 보세요.

1

```
    5 m  40 cm
  − 3 m  20 cm
    m        cm
```

2

```
    6 m  50 cm
  − 1 m  40 cm
    m        cm
```

3

```
    6 m  90 cm
  − 3 m  30 cm
    m        cm
```

4

```
    7 m  50 cm
  − 4 m  20 cm
    m        cm
```

5

```
    7 m  90 cm
  − 2 m  60 cm
    m        cm
```

6

```
    8 m  70 cm
  − 2 m  10 cm
    m        cm
```

7

```
    8 m  80 cm
  − 3 m  40 cm
    m        cm
```

8

```
    3 m  97 cm
  − 2 m  52 cm
    m        cm
```

9

```
    4 m  54 cm
  − 2 m  41 cm
    m        cm
```

10

```
    5 m  77 cm
  − 1 m  14 cm
    m        cm
```

11

```
    6 m  38 cm
  − 3 m  10 cm
    m        cm
```

12

```
    7 m  26 cm
  − 5 m  15 cm
    m        cm
```

13

```
    8 m  57 cm
  − 4 m  23 cm
    m        cm
```

14

```
    9 m  74 cm
  − 3 m  12 cm
    m        cm
```

15
```
    4 m 48 cm
  − 2 m 39 cm
    ___m  ___cm
```

16
```
    4 m 72 cm
  − 3 m 19 cm
    ___m  ___cm
```

17
```
    5 m 42 cm
  − 4 m 18 cm
    ___m  ___cm
```

18
```
    6 m 84 cm
  − 4 m 24 cm
    ___m  ___cm
```

19
```
    7 m 55 cm
  − 1 m 16 cm
    ___m  ___cm
```

20
```
    8 m 64 cm
  − 1 m 28 cm
    ___m  ___cm
```

21
```
    8 m 85 cm
  − 7 m 58 cm
    ___m  ___cm
```

22
```
    9 m 11 cm
  − 5 m  9 cm
    ___m  ___cm
```

23
```
    9 m 65 cm
  − 2 m 17 cm
    ___m  ___cm
```

24
```
   10 m 73 cm
  − 8 m 49 cm
    ___m  ___cm
```

25
```
   11 m 51 cm
  − 4 m 43 cm
    ___m  ___cm
```

26
```
   12 m 75 cm
  − 9 m 37 cm
    ___m  ___cm
```

27
```
   13 m 56 cm
  − 8 m 29 cm
    ___m  ___cm
```

28
```
   14 m 82 cm
  − 6 m 13 cm
    ___m  ___cm
```

맞힌 개수	나의 학습 결과에 ○표 하세요.				QR 빠른정답 확인
	맞힌 개수	0~3개	4~14개	15~25개	26~28개	
개 /28개	학습 방법	다시 한번 풀어 봐요.	계산 연습이 필요해요.	틀린 문제를 확인해요.	실수하지 않도록 집중해요.	

5. 받아내림이 없는 길이의 뺄셈

🥕 계산해 보세요.

1 4 m 20 cm − 3 m 10 cm

2 4 m 60 cm − 2 m 20 cm

3 5 m 56 cm − 4 m 47 cm

4 5 m 88 cm − 1 m 66 cm

5 6 m 30 cm − 4 m 10 cm

6 6 m 45 cm − 3 m 18 cm

7 6 m 52 cm − 4 m 16 cm

8 7 m 32 cm − 2 m 19 cm

9 7 m 60 cm − 4 m 50 cm

10 7 m 77 cm − 2 m 40 cm

11 8 m 92 cm − 1 m 22 cm

12 9 m 65 cm − 4 m 31 cm

13 10 m 50 cm − 6 m 24 cm

14 12 m 53 cm − 7 m 28 cm

15 13 m 20 cm − 8 m 17 cm

16 17 m 81 cm − 5 m 33 cm

연산 in 문장제

지아는 색 테이프 4 m 80 cm 중에서 1 m 40 cm를 사용하였습니다. 사용하고 남은 색 테이프의 길이는 몇 m 몇 cm인지 구해 보세요.

	4	m	80 cm
−	1	m	40 cm
	3	m	40 cm

$$\underset{\text{가지고 있던 색 테이프 길이}}{4\ m\ 80\ cm} - \underset{\text{사용한 색 테이프 길이}}{1\ m\ 40\ cm} = \underset{\text{남은 색 테이프 길이}}{3\ m\ 40\ cm}$$

17 아버지의 키는 1 m 87 cm이고, 현석이의 키는 1 m 34 cm입니다. 아버지의 키는 현석이의 키보다 몇 cm 더 큰지 구해 보세요.

		m	cm
−		m	cm
			cm

답 _____

18 게시판의 긴 쪽의 길이는 2 m 60 cm이고, 짧은 쪽보다 1 m 20 cm 더 깁니다. 게시판의 짧은 쪽의 길이는 몇 m 몇 cm인지 구해 보세요.

		m	cm
−		m	cm
		m	cm

답 _____

19 정우의 줄넘기의 길이는 1 m 55 cm이고, 삼촌의 줄넘기의 길이는 2 m 75 cm입니다. 정우의 줄넘기는 삼촌의 줄넘기보다 몇 m 몇 cm 더 짧은지 구해 보세요.

		m	cm
−		m	cm
		m	cm

답 _____

20 길이가 2 m 38 cm인 고무줄을 양쪽에서 잡아당겼더니 4 m 64 cm가 되었습니다. 처음보다 고무줄이 몇 m 몇 cm 더 늘어났는지 구해 보세요.

		m	cm
−		m	cm
		m	cm

답 _____

21 집에서 병원까지의 거리는 45 m 95 cm이고, 집에서 약국까지의 거리는 40 m 30 cm입니다. 집에서 약국까지의 거리는 집에서 병원까지의 거리보다 몇 m 몇 cm 더 가까운지 구해 보세요.

		m	cm
−		m	cm
		m	cm

답 _____

맞힌 개수	나의 학습 결과에 ○표 하세요.				
	맞힌 개수	0~2개	3~10개	11~19개	20~21개
개 /21개	학습 방법	다시 한번 풀어 봐요.	계산 연습이 필요해요.	틀린 문제를 확인해요.	실수하지 않도록 집중해요.

QR 빠른 정답 확인

6. 받아내림이 있는 길이의 뺄셈

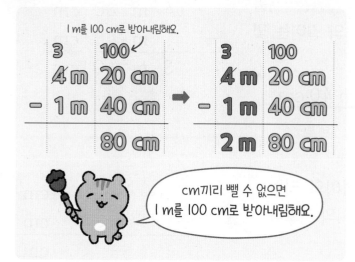

I m를 100 cm로 받아내림해요.

cm끼리 뺄 수 없으면
I m를 100 cm로 받아내림해요.

🥕 계산해 보세요.

1

	4	m	30	cm
−	2	m	60	cm
		m		cm

2

	5	m	10	cm
−	3	m	50	cm
		m		cm

3

	5	m	60	cm
−	1	m	80	cm
		m		cm

4

	6	m	40	cm
−	3	m	90	cm
		m		cm

5

	6	m	50	cm
−	1	m	70	cm
		m		cm

6

	3	m	13	cm
−	1	m	35	cm
		m		cm

7

	4	m	19	cm
−	2	m	55	cm
		m		cm

8

	5	m	25	cm
−	2	m	70	cm
		m		cm

9

	6	m	8	cm
−	4	m	24	cm
		m		cm

10

	7	m	53	cm
−	3	m	67	cm
		m		cm

11

	8	m	34	cm
−	3	m	74	cm
		m		cm

12

	9	m	18	cm
−	5	m	59	cm
		m		cm

13

		m		cm
	3	m	38	cm
−	1	m	87	cm
		m		cm

14

		m		cm
	4	m	26	cm
−	1	m	33	cm
		m		cm

15

	5	m	39	cm
−	2	m	52	cm
		m		cm

16

	6	m	16	cm
−	2	m	56	cm
		m		cm

17

	6	m	57	cm
−	4	m	92	cm
		m		cm

18

	7	m	24	cm
−	3	m	75	cm
		m		cm

19

	7	m	43	cm
−	2	m	61	cm
		m		cm

20

	8	m	45	cm
−	5	m	96	cm
		m		cm

21

	8	m	62	cm
−	2	m	66	cm
		m		cm

22

	9	m	14	cm
−	4	m	73	cm
		m		cm

23

	9	m	23	cm
−	3	m	58	cm
		m		cm

24

	10	m	54	cm
−	1	m	63	cm
		m		cm

25

	11	m	31	cm
−	4	m	81	cm
		m		cm

26

	12	m	28	cm
−	3	m	85	cm
		m		cm

맞힌 개수	나의 학습 결과에 ○표 하세요.				QR 빠른정답 확인
	맞힌 개수	0~3개	4~13개	14~23개	24~26개
개 / 26개	학습 방법	다시 한번 풀어 봐요.	계산 연습이 필요해요.	틀린 문제를 확인해요.	실수하지 않도록 집중해요.

6. 받아내림이 있는 길이의 뺄셈

🥕 계산해 보세요.

1
$$\begin{array}{r} 3 \text{ m } 10 \text{ cm} \\ - 1 \text{ m } 60 \text{ cm} \\ \hline \text{m} \qquad \text{cm} \end{array}$$

2
$$\begin{array}{r} 4 \text{ m } 40 \text{ cm} \\ - 2 \text{ m } 80 \text{ cm} \\ \hline \text{m} \qquad \text{cm} \end{array}$$

3
$$\begin{array}{r} 5 \text{ m } 20 \text{ cm} \\ - 2 \text{ m } 40 \text{ cm} \\ \hline \text{m} \qquad \text{cm} \end{array}$$

4
$$\begin{array}{r} 6 \text{ m } 30 \text{ cm} \\ - 1 \text{ m } 70 \text{ cm} \\ \hline \text{m} \qquad \text{cm} \end{array}$$

5
$$\begin{array}{r} 7 \text{ m } 70 \text{ cm} \\ - 3 \text{ m } 80 \text{ cm} \\ \hline \text{m} \qquad \text{cm} \end{array}$$

6
$$\begin{array}{r} 8 \text{ m } 40 \text{ cm} \\ - 6 \text{ m } 80 \text{ cm} \\ \hline \text{m} \qquad \text{cm} \end{array}$$

7
$$\begin{array}{r} 9 \text{ m } 40 \text{ cm} \\ - 1 \text{ m } 60 \text{ cm} \\ \hline \text{m} \qquad \text{cm} \end{array}$$

8
$$\begin{array}{r} 5 \text{ m } 74 \text{ cm} \\ - 1 \text{ m } 90 \text{ cm} \\ \hline \text{m} \qquad \text{cm} \end{array}$$

9
$$\begin{array}{r} 6 \text{ m } 18 \text{ cm} \\ - 4 \text{ m } 25 \text{ cm} \\ \hline \text{m} \qquad \text{cm} \end{array}$$

10
$$\begin{array}{r} 6 \text{ m } 52 \text{ cm} \\ - 3 \text{ m } 94 \text{ cm} \\ \hline \text{m} \qquad \text{cm} \end{array}$$

11
$$\begin{array}{r} 7 \text{ m } 29 \text{ cm} \\ - 4 \text{ m } 76 \text{ cm} \\ \hline \text{m} \qquad \text{cm} \end{array}$$

12
$$\begin{array}{r} 7 \text{ m } 57 \text{ cm} \\ - 1 \text{ m } 81 \text{ cm} \\ \hline \text{m} \qquad \text{cm} \end{array}$$

13
$$\begin{array}{r} 8 \text{ m } 33 \text{ cm} \\ - 2 \text{ m } 68 \text{ cm} \\ \hline \text{m} \qquad \text{cm} \end{array}$$

14
$$\begin{array}{r} 8 \text{ m } 67 \text{ cm} \\ - 3 \text{ m } 85 \text{ cm} \\ \hline \text{m} \qquad \text{cm} \end{array}$$

15
```
    5 m 17 cm
  − 3 m 51 cm
    m      cm
```

22
```
    8 m 79 cm
  − 5 m 83 cm
    m      cm
```

16
```
    5 m 28 cm
  − 2 m 91 cm
    m      cm
```

23
```
    9 m 11 cm
  − 7 m 32 cm
    m      cm
```

17
```
    6 m 45 cm
  − 3 m 84 cm
    m      cm
```

24
```
    9 m 35 cm
  − 1 m 54 cm
    m      cm
```

18
```
    6 m 49 cm
  − 2 m 95 cm
    m      cm
```

25
```
    10 m 43 cm
  −  6 m 93 cm
    m      cm
```

19
```
    7 m 16 cm
  − 3 m 42 cm
    m      cm
```

26
```
    10 m 59 cm
  −  7 m 71 cm
    m      cm
```

20
```
    7 m 48 cm
  − 2 m 96 cm
    m      cm
```

27
```
    11 m 26 cm
  −  8 m 58 cm
    m      cm
```

21
```
    8 m 12 cm
  − 4 m 86 cm
    m      cm
```

28
```
    11 m 44 cm
  −  4 m 61 cm
    m      cm
```

맞힌 개수	나의 학습 결과에 ○표 하세요.				QR 빠른정답 확인
	맞힌 개수	0~3개	4~14개	15~25개	26~28개	
개 /28개	학습 방법	다시 한번 풀어 봐요.	계산 연습이 필요해요.	틀린 문제를 확인해요.	실수하지 않도록 집중해요.	

6. 받아내림이 있는 길이의 뺄셈

🥕 계산해 보세요.

1 3 m 20 cm − 1 m 50 cm

2 4 m 50 cm − 2 m 70 cm

3 5 m 30 cm − 2 m 80 cm

4 5 m 76 cm − 1 m 90 cm

5 6 m 54 cm − 2 m 84 cm

6 6 m 68 cm − 4 m 74 cm

7 7 m 25 cm − 5 m 52 cm

8 7 m 38 cm − 2 m 88 cm

9 8 m 36 cm − 1 m 81 cm

10 8 m 42 cm − 4 m 54 cm

11 8 m 59 cm − 5 m 66 cm

12 8 m 71 cm − 1 m 80 cm

13 9 m 5 cm − 6 m 63 cm

14 9 m 48 cm − 4 m 72 cm

15 9 m 65 cm − 6 m 82 cm

16 9 m 77 cm − 7 m 93 cm

연산 in 문장제

주희는 리본 5 m 40 cm 중에서 선물을 포장하는 데 사용하고 2 m 50 cm가 남았습니다. 선물을 포장하는 데 사용한 리본의 길이는 몇 m 몇 cm인지 구해 보세요.

	5	m	40	cm
−	2	m	50	cm
	2	m	90	cm

$$5 \text{ m } 40 \text{ cm} - 2 \text{ m } 50 \text{ cm} = 2 \text{ m } 90 \text{ cm}$$

↑ 가지고 있던 리본 길이   ↑ 남은 리본 길이   ↑ 선물을 포장하는 데 사용한 리본 길이

---

17 길이가 1 m 62 cm인 용수철을 양쪽에서 잡아당겼더니 3 m 15 cm가 되었습니다. 처음보다 용수철이 몇 m 몇 cm 더 늘어났는지 구해 보세요.

→

		m		cm
−		m		cm
		m		cm

답 _____

18 창문의 긴 쪽의 길이는 3 m 22 cm이고, 짧은 쪽의 길이는 2 m 51 cm입니다. 창문의 긴 쪽은 짧은 쪽보다 몇 cm 더 긴지 구해 보세요.

→

		m		cm
−		m		cm
				cm

답 _____

19 기린의 키는 4 m 20 cm이고, 코끼리의 키는 1 m 90 cm입니다. 기린은 코끼리보다 몇 m 몇 cm 더 큰지 구해 보세요.

→

		m		cm
−		m		cm
		m		cm

답 _____

20 수목원에 높이가 6 m 60 cm인 소나무와 높이가 3 m 80 cm인 느티나무가 있습니다. 소나무는 느티나무보다 몇 m 몇 cm 더 높은지 구해 보세요.

→

		m		cm
−		m		cm
		m		cm

답 _____

21 집에서 서점까지의 거리는 85 m 30 cm이고, 집에서 도서관까지의 기리는 74 m 85 cm입니다. 집에서 서점까지의 거리는 집에서 도서관까지의 거리보다 몇 m 몇 cm 더 먼지 구해 보세요.

→

		m		cm
−		m		cm
		m		cm

답 _____

맞힌 개수	나의 학습 결과에 ○표 하세요.				QR 빠른정답 확인
개 /21개	맞힌 개수	0~2개	3~10개	11~19개	20~21개
	학습 방법	다시 한번 풀어 봐요.	계산 연습이 필요해요.	틀린 문제를 확인해요.	실수하지 않도록 집중해요.

🥕 계산해 보세요.

1
$$\begin{array}{r} 3\ \text{m}\ 99\ \text{cm} \\ -\ 2\ \text{m}\ 64\ \text{cm} \\ \hline \text{m}\qquad\text{cm} \end{array}$$

2
$$\begin{array}{r} 4\ \text{m}\ 50\ \text{cm} \\ -\ 2\ \text{m}\ 20\ \text{cm} \\ \hline \text{m}\qquad\text{cm} \end{array}$$

3
$$\begin{array}{r} 5\ \text{m}\ 71\ \text{cm} \\ -\ 4\ \text{m}\ 64\ \text{cm} \\ \hline \text{m}\qquad\text{cm} \end{array}$$

4
$$\begin{array}{r} 5\ \text{m}\ 90\ \text{cm} \\ -\ 3\ \text{m}\ 30\ \text{cm} \\ \hline \text{m}\qquad\text{cm} \end{array}$$

5
$$\begin{array}{r} 6\ \text{m}\ 60\ \text{cm} \\ -\ 1\ \text{m}\ 52\ \text{cm} \\ \hline \text{m}\qquad\text{cm} \end{array}$$

6
$$\begin{array}{r} 6\ \text{m}\ 88\ \text{cm} \\ -\ 1\ \text{m}\ 34\ \text{cm} \\ \hline \text{m}\qquad\text{cm} \end{array}$$

7
$$\begin{array}{r} 7\ \text{m}\ 41\ \text{cm} \\ -\ 4\ \text{m}\ 25\ \text{cm} \\ \hline \text{m}\qquad\text{cm} \end{array}$$

8
$$\begin{array}{r} 7\ \text{m}\ 56\ \text{cm} \\ -\ 1\ \text{m}\ 31\ \text{cm} \\ \hline \text{m}\qquad\text{cm} \end{array}$$

9
$$\begin{array}{r} 8\ \text{m}\ 63\ \text{cm} \\ -\ 3\ \text{m}\ 18\ \text{cm} \\ \hline \text{m}\qquad\text{cm} \end{array}$$

10
$$\begin{array}{r} 8\ \text{m}\ 72\ \text{cm} \\ -\ 3\ \text{m}\ 43\ \text{cm} \\ \hline \text{m}\qquad\text{cm} \end{array}$$

11
$$\begin{array}{r} 9\ \text{m}\ 76\ \text{cm} \\ -\ 2\ \text{m}\ 32\ \text{cm} \\ \hline \text{m}\qquad\text{cm} \end{array}$$

12
$$\begin{array}{r} 9\ \text{m}\ 95\ \text{cm} \\ -\ 5\ \text{m}\ 74\ \text{cm} \\ \hline \text{m}\qquad\text{cm} \end{array}$$

13
$$\begin{array}{r} 10\ \text{m}\ 35\ \text{cm} \\ -\ 6\ \text{m}\ 29\ \text{cm} \\ \hline \text{m}\qquad\text{cm} \end{array}$$

14
$$\begin{array}{r} 10\ \text{m}\ 61\ \text{cm} \\ -\ 3\ \text{m}\ 28\ \text{cm} \\ \hline \text{m}\qquad\text{cm} \end{array}$$

15
$$
\begin{array}{r}
3\ \text{m}\ 23\ \text{cm} \\
-\ 1\ \text{m}\ 57\ \text{cm} \\
\hline
\text{m} \qquad \text{cm}
\end{array}
$$

22
$$
\begin{array}{r}
7\ \text{m}\ 38\ \text{cm} \\
-\ 2\ \text{m}\ 85\ \text{cm} \\
\hline
\text{m} \qquad \text{cm}
\end{array}
$$

16
$$
\begin{array}{r}
4\ \text{m}\ 22\ \text{cm} \\
-\ 1\ \text{m}\ 83\ \text{cm} \\
\hline
\text{m} \qquad \text{cm}
\end{array}
$$

23
$$
\begin{array}{r}
8\ \text{m}\ 16\ \text{cm} \\
-\ 3\ \text{m}\ 45\ \text{cm} \\
\hline
\text{m} \qquad \text{cm}
\end{array}
$$

17
$$
\begin{array}{r}
5\ \text{m}\ 51\ \text{cm} \\
-\ 3\ \text{m}\ 90\ \text{cm} \\
\hline
\text{m} \qquad \text{cm}
\end{array}
$$

24
$$
\begin{array}{r}
8\ \text{m}\ 42\ \text{cm} \\
-\ 5\ \text{m}\ 96\ \text{cm} \\
\hline
\text{m} \qquad \text{cm}
\end{array}
$$

18
$$
\begin{array}{r}
5\ \text{m}\ 68\ \text{cm} \\
-\ 2\ \text{m}\ 79\ \text{cm} \\
\hline
\text{m} \qquad \text{cm}
\end{array}
$$

25
$$
\begin{array}{r}
9\ \text{m}\ 15\ \text{cm} \\
-\ 2\ \text{m}\ 48\ \text{cm} \\
\hline
\text{m} \qquad \text{cm}
\end{array}
$$

19
$$
\begin{array}{r}
6\ \text{m}\ 19\ \text{cm} \\
-\ 1\ \text{m}\ 26\ \text{cm} \\
\hline
\text{m} \qquad \text{cm}
\end{array}
$$

26
$$
\begin{array}{r}
9\ \text{m}\ 33\ \text{cm} \\
-\ 5\ \text{m}\ 51\ \text{cm} \\
\hline
\text{m} \qquad \text{cm}
\end{array}
$$

20
$$
\begin{array}{r}
6\ \text{m}\ 65\ \text{cm} \\
-\ 2\ \text{m}\ 78\ \text{cm} \\
\hline
\text{m} \qquad \text{cm}
\end{array}
$$

27
$$
\begin{array}{r}
10\ \text{m}\ 24\ \text{cm} \\
-\ 3\ \text{m}\ 67\ \text{cm} \\
\hline
\text{m} \qquad \text{cm}
\end{array}
$$

21
$$
\begin{array}{r}
7\ \text{m}\ 27\ \text{cm} \\
-\ 4\ \text{m}\ 87\ \text{cm} \\
\hline
\text{m} \qquad \text{cm}
\end{array}
$$

28
$$
\begin{array}{r}
10\ \text{m}\ 47\ \text{cm} \\
-\ 4\ \text{m}\ 94\ \text{cm} \\
\hline
\text{m} \qquad \text{cm}
\end{array}
$$

맞힌 개수	나의 학습 결과에 ○표 하세요.				QR 빠른정답 확인
	맞힌 개수	0~3개	4~14개	15~25개	26~28개
개 / 28개	학습 방법	다시 한번 풀어 봐요.	계산 연습이 필요해요.	틀린 문제를 확인해요.	실수하지 않도록 집중해요.

🥕 계산해 보세요.

1 3 m 30 cm − 2 m 10 cm

2 4 m 50 cm − 1 m 40 cm

3 4 m 70 cm − 2 m 50 cm

4 5 m 50 cm − 2 m 20 cm

5 5 m 79 cm − 3 m 31 cm

6 6 m 65 cm − 3 m 10 cm

7 6 m 84 cm − 1 m 28 cm

8 7 m 62 cm − 1 m 36 cm

9 7 m 74 cm − 3 m 13 cm

10 7 m 96 cm − 5 m 69 cm

11 8 m 55 cm − 3 m 17 cm

12 8 m 71 cm − 5 m 45 cm

13 8 m 85 cm − 3 m 63 cm

14 9 m 46 cm − 6 m 29 cm

15 9 m 51 cm − 5 m 42 cm

16 9 m 64 cm − 3 m 37 cm

17 4 m 30 cm − 1 m 90 cm   24 7 m 24 cm − 1 m 89 cm

18 5 m 15 cm − 2 m 77 cm   25 7 m 35 cm − 4 m 52 cm

19 5 m 30 cm − 3 m 80 cm   26 8 m 14 cm − 2 m 66 cm

20 6 m 16 cm − 4 m 27 cm   27 8 m 33 cm − 3 m 73 cm

21 6 m 40 cm − 3 m 50 cm   28 9 m 12 cm − 2 m 58 cm

22 6 m 54 cm − 1 m 65 cm   29 9 m 47 cm − 6 m 92 cm

23 7 m 20 cm − 5 m 59 cm   30 10 m 25 cm − 8 m 88 cm

맞힌 개수	나의 학습 결과에 ○표 하세요.				QR 빠른정답 확인
	맞힌 개수	0~3개	4~15개	16~27개	28~30개	
개 /30개	학습 방법	다시 한번 풀어 봐요.	계산 연습이 필요해요.	틀린 문제를 확인해요.	실수하지 않도록 집중해요.	

7. 길이의 뺄셈

🥕 빈칸에 알맞은 길이를 써넣으세요.

1
┌─ −2 m 30 cm ─┐
3 m 30 cm → [ ]

8
┌─ −1 m 60 cm ─┐
3 m 40 cm → [ ]

2
┌─ −2 m 26 cm ─┐
4 m 72 cm → [ ]

9
┌─ −2 m 80 cm ─┐
4 m 30 cm → [ ]

3
┌─ −2 m 40 cm ─┐
5 m 80 cm → [ ]

10
┌─ −2 m 92 cm ─┐
5 m 35 cm → [ ]

4
┌─ −1 m 27 cm ─┐
6 m 38 cm → [ ]

11
┌─ −5 m 61 cm ─┐
6 m 28 cm → [ ]

5
┌─ −1 m 19 cm ─┐
7 m 25 cm → [ ]

12
┌─ −5 m 48 cm ─┐
7 m 15 cm → [ ]

6
┌─ −3 m 14 cm ─┐
8 m 34 cm → [ ]

13
┌─ −4 m 62 cm ─┐
8 m 47 cm → [ ]

7
┌─ −2 m 50 cm ─┐
9 m 60 cm → [ ]

14
┌─ −1 m 70 cm ─┐
9 m 52 cm → [ ]

15
| 3 m 43 cm |
| 1 m 23 cm |
| |

16
| 4 m 37 cm |
| 2 m 18 cm |
| |

17
| 6 m 40 cm |
| 3 m 10 cm |
| |

18
| 7 m 58 cm |
| 2 m 45 cm |
| |

19
| 8 m 75 cm |
| 4 m 25 cm |
| |

20
| 10 m 73 cm |
| 3 m 16 cm |
| |

21
| 4 m 78 cm |
| 1 m 89 cm |
| |

22
| 5 m 60 cm |
| 3 m 70 cm |
| |

23
| 7 m 20 cm |
| 2 m 90 cm |
| |

24
| 8 m 24 cm |
| 3 m 91 cm |
| |

25
| 9 m 65 cm |
| 5 m 96 cm |
| |

26
| 10 m 36 cm |
| 7 m 59 cm |
| |

8. 길이의 덧셈과 뺄셈

계산해 보세요.

1
```
    1 m 10 cm
 +  5 m 20 cm
 ─────────────
      m    cm
```

2
```
    3 m 50 cm
 +  2 m 40 cm
 ─────────────
      m    cm
```

3
```
    4 m 42 cm
 +  3 m 26 cm
 ─────────────
      m    cm
```

4
```
    5 m 68 cm
 +  3 m 28 cm
 ─────────────
      m    cm
```

5
```
    6 m 33 cm
 +  1 m 55 cm
 ─────────────
      m    cm
```

6
```
    8 m 47 cm
 +  1 m 17 cm
 ─────────────
      m    cm
```

7
```
    9 m 59 cm
 +  2 m 34 cm
 ─────────────
      m    cm
```

8
```
    1 m 30 cm
 +  6 m 80 cm
 ─────────────
      m    cm
```

9
```
    2 m 60 cm
 +  3 m 90 cm
 ─────────────
      m    cm
```

10
```
    3 m 53 cm
 +  5 m 82 cm
 ─────────────
      m    cm
```

11
```
    4 m 61 cm
 +  4 m 84 cm
 ─────────────
      m    cm
```

12
```
    5 m 46 cm
 +  3 m 62 cm
 ─────────────
      m    cm
```

13
```
    5 m 85 cm
 +  1 m 49 cm
 ─────────────
      m    cm
```

14
```
    6 m 74 cm
 +  3 m 83 cm
 ─────────────
      m    cm
```

15
```
    3 m 80 cm
  − 2 m 20 cm
    m      cm
```

22
```
    4 m 10 cm
  − 2 m 50 cm
    m      cm
```

16
```
    4 m 50 cm
  − 3 m 40 cm
    m      cm
```

23
```
    5 m 30 cm
  − 3 m 60 cm
    m      cm
```

17
```
    5 m 65 cm
  − 2 m 52 cm
    m      cm
```

24
```
    6 m 76 cm
  − 1 m 81 cm
    m      cm
```

18
```
    6 m 64 cm
  − 2 m 28 cm
    m      cm
```

25
```
    7 m 38 cm
  − 3 m 63 cm
    m      cm
```

19
```
    7 m 51 cm
  − 1 m 36 cm
    m      cm
```

26
```
    8 m 24 cm
  − 4 m 56 cm
    m      cm
```

20
```
    8 m 35 cm
  − 6 m 27 cm
    m      cm
```

27
```
    9 m 57 cm
  − 2 m 98 cm
    m      cm
```

21
```
    9 m 39 cm
  − 4 m 18 cm
    m      cm
```

28
```
    10 m 32 cm
  −  7 m 89 cm
     m      cm
```

맞힌 개수		나의 학습 결과에 ○표 하세요.				QR 빠른정답 확인
	맞힌 개수	0~3개	4~14개	15~25개	26~28개	
개 /28개	학습 방법	다시 한번 풀어 봐요.	계산 연습이 필요해요.	틀린 문제를 확인해요.	실수하지 않도록 집중해요.	

8. 길이의 덧셈과 뺄셈

🥕 계산해 보세요.

1 2 m 10 cm＋6 m 30 cm

2 3 m 20 cm＋2 m 50 cm

3 3 m 36 cm＋4 m 23 cm

4 4 m 61 cm＋3 m 22 cm

5 5 m 37 cm＋2 m 34 cm

6 6 m 18 cm＋1 m 76 cm

7 7 m 55 cm＋3 m 16 cm

8 8 m 49 cm＋4 m 45 cm

9 1 m 40 cm＋4 m 60 cm

10 3 m 90 cm＋5 m 30 cm

11 4 m 42 cm＋3 m 88 cm

12 4 m 66 cm＋1 m 51 cm

13 5 m 64 cm＋2 m 72 cm

14 5 m 99 cm＋1 m 23 cm

15 6 m 28 cm＋5 m 77 cm

16 7 m 56 cm＋3 m 48 cm

17 4 m 30 cm − 2 m 20 cm

24 4 m 10 cm − 1 m 40 cm

18 5 m 70 cm − 3 m 30 cm

25 5 m 60 cm − 3 m 90 cm

19 6 m 57 cm − 2 m 14 cm

26 6 m 58 cm − 2 m 73 cm

20 7 m 63 cm − 5 m 59 cm

27 7 m 32 cm − 5 m 92 cm

21 8 m 52 cm − 3 m 27 cm

28 8 m 25 cm − 3 m 65 cm

22 9 m 41 cm − 7 m 2 cm

29 9 m 67 cm − 4 m 78 cm

23 9 m 83 cm − 5 m 43 cm

30 10 m 35 cm − 6 m 36 cm

맞힌 개수	나의 학습 결과에 ○표 하세요.				QR 빠른정답 확인
	맞힌 개수	0~3개	4~15개	16~27개	28~30개	
개 /30개	학습 방법	다시 한번 풀어 봐요.	계산 연습이 필요해요.	틀린 문제를 확인해요.	실수하지 않도록 집중해요.	

8. 길이의 덧셈과 뺄셈

🥕 빈칸에 두 길이의 합을 써넣으세요.

1

1 m 40 cm	2 m 10 cm

2

2 m 70 cm	5 m 20 cm

3

3 m 52 cm	2 m 18 cm

4

4 m 15 cm	3 m 33 cm

5

5 m 81 cm	5 m 11 cm

6

6 m 63 cm	1 m 29 cm

7

7 m 48 cm	2 m 26 cm

8

1 m 60 cm	4 m 50 cm

9

2 m 80 cm	5 m 60 cm

10

3 m 76 cm	4 m 40 cm

11

4 m 65 cm	1 m 78 cm

12

5 m 87 cm	3 m 84 cm

13

6 m 53 cm	1 m 73 cm

14

7 m 58 cm	3 m 49 cm

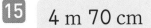 빈칸에 알맞은 길이를 써넣으세요.

15
4 m 70 cm
↓
−3 m 20 cm
↓

16
5 m 55 cm
↓
−1 m 47 cm
↓

17
6 m 44 cm
↓
−2 m 38 cm
↓

18
7 m 51 cm
↓
−3 m 16 cm
↓

19
8 m 83 cm
↓
−6 m 42 cm
↓

20
5 m 30 cm
↓
−3 m 90 cm
↓

21
6 m 36 cm
↓
−4 m 54 cm
↓

22
7 m 72 cm
↓
−2 m 82 cm
↓

23
8 m 23 cm
↓
−4 m 96 cm
↓

24
9 m 27 cm
↓
−7 m 39 cm
↓

맞힌 개수	나의 학습 결과에 ○표 하세요.			
	맞힌 개수	0~2개	3~12개	13~22개	23~24개
개 /24개	학습 방법	다시 한번 풀어 봐요.	계산 연습이 필요해요.	틀린 문제를 확인해요.	실수하지 않도록 집중해요.

QR 빠른정답 확인

연산 & 문장제 마무리

🥕 계산해 보세요.

1
```
    1 m 50 cm
  + 1 m 30 cm
```
        m   cm

2
```
    2 m 10 cm
  + 2 m 60 cm
```
        m   cm

3
```
    4 m 54 cm
  + 2 m  9 cm
```
        m   cm

4
```
    5 m 48 cm
  + 4 m 42 cm
```
        m   cm

5
```
    7 m 47 cm
  + 1 m 23 cm
```
        m   cm

6
```
    1 m 60 cm
  + 5 m 80 cm
```
        m   cm

7
```
    1 m 84 cm
  + 3 m 20 cm
```
        m   cm

8
```
    2 m 61 cm
  + 5 m 49 cm
```
        m   cm

9
```
    3 m 34 cm
  + 4 m 99 cm
```
        m   cm

10
```
    4 m 81 cm
  + 2 m 58 cm
```
        m   cm

11
```
    5 m 40 cm
  - 2 m 10 cm
```
        m   cm

12
```
    6 m 52 cm
  - 5 m 29 cm
```
        m   cm

13
```
    7 m 94 cm
  - 2 m 70 cm
```
        m   cm

14
```
    8 m 55 cm
  - 5 m 36 cm
```
        m   cm

15
```
    9 m 85 cm
  - 1 m 38 cm
```
        m   cm

16
```
    4 m 10 cm
  - 2 m 70 cm
```
        m   cm

17
```
    5 m 80 cm
  - 3 m 90 cm
```
        m   cm

18
```
    6 m 31 cm
  - 1 m 44 cm
```
        m   cm

19
```
    7 m 26 cm
  - 3 m 87 cm
```
        m   cm

20
```
    8 m 64 cm
  - 2 m 79 cm
```
        m   cm

21
```
    9 m 39 cm
  - 2 m 82 cm
```
        m   cm

22 2 m 70 cm + 3 m 10 cm

23 3 m 60 cm + 6 m 30 cm

24 4 m 51 cm + 1 m 19 cm

25 6 m 33 cm + 2 m 8 cm

26 1 m 60 cm + 1 m 50 cm

27 2 m 70 cm + 2 m 50 cm

28 3 m 88 cm + 2 m 28 cm

29 4 m 43 cm + 1 m 77 cm

30 4 m 80 cm − 2 m 50 cm

31 5 m 90 cm − 2 m 80 cm

32 6 m 53 cm − 4 m 50 cm

33 7 m 62 cm − 3 m 37 cm

34 5 m 70 cm − 2 m 90 cm

35 6 m 10 cm − 2 m 60 cm

36 7 m 56 cm − 1 m 76 cm

37 9 m 22 cm − 4 m 57 cm

38 은행나무의 높이는 2 m 35 cm입니다. 은행나무의 높이는 몇 cm인지 구해 보세요.

답 _____

39 하마의 몸길이는 380 cm입니다. 하마의 몸길이는 몇 m 몇 cm인지 구해 보세요.

답 _____

40 빨간색 털실의 길이는 2 m 50 cm이고, 파란색 털실의 길이는 3 m 10 cm입니다. 두 털실의 길이의 합은 몇 m 몇 cm인지 구해 보세요.

답 _____

41 길이가 1 m 75 cm인 줄과 길이가 2 m 35 cm인 줄을 겹치지 않게 이어 붙였습니다. 이어 붙인 줄의 전체 길이는 몇 m 몇 cm인지 구해 보세요.

답 _____

42 준혁이는 길이가 5 m 70 cm인 끈 중에서 1 m 40 cm를 사용하였습니다. 사용하고 남은 끈의 길이는 몇 m 몇 cm인지 구해 보세요.

답 _____

43 방의 긴 쪽의 길이는 4 m 20 cm이고, 짧은 쪽의 길이는 2 m 70 cm입니다. 방의 긴 쪽은 짧은 쪽보다 몇 m 몇 cm 더 긴지 구해 보세요.

답 _____

44 집에서 경찰서까지의 거리는 35 m 40 cm이고, 집에서 소방서까지의 거리는 28 m 65 cm입니다. 집에서 경찰서까지의 거리는 집에서 소방서까지의 거리보다 몇 m 몇 cm 더 먼지 구해 보세요.

답 _____

연산 노트

맞힌 개수	나의 나의 학습 결과에 ○표 하세요.			
	맞힌 개수	0~4개	5~22개	23~40개	41~44개
개 /44개	학습 방법	다시 한번 풀어 봐요.	계산 연습이 필요해요.	틀린 문제를 확인해요.	실수하지 않도록 집중해요.

QR 빠른정답 확인

4

시각과 시간

60분 = 1시간

시계의 긴바늘이 한 바퀴 도는 데 60분의 시간이 걸려요.

🥕 ☐ 안에 알맞은 수를 써넣으세요.

1 2시간 = ☐ 분

2 3시간 = ☐ 분

3 5시간 = ☐ 분

4 6시간 = ☐ 분

5 8시간 = ☐ 분

6 9시간 = ☐ 분

7 10시간 = ☐ 분

8 12시간 = ☐ 분

9 13시간 = ☐ 분

10 15시간 = ☐ 분

11 60분 = ☐ 시간

12 120분 = ☐ 시간

13 180분 = ☐ 시간

14 240분 = ☐ 시간

15 300분 = ☐ 시간

16 360분 = ☐ 시간

17 420분 = ☐ 시간

18 480분 = ☐ 시간

19 660분 = ☐ 시간

20 840분 = ☐ 시간

21 1시간 20분 = ☐ 분

■시간 ▲분은
■시간보다 ▲분 더 긴 시간이에요.

22 1시간 40분 = ☐ 분

23 1시간 50분 = ☐ 분

24 2시간 10분 = ☐ 분

25 2시간 50분 = ☐ 분

26 3시간 10분 = ☐ 분

27 3시간 30분 = ☐ 분

28 4시간 20분 = ☐ 분

29 90분 = ☐ 시간 ☐ 분

30 140분 = ☐ 시간 ☐ 분

31 160분 = ☐ 시간 ☐ 분

32 200분 = ☐ 시간 ☐ 분

33 220분 = ☐ 시간 ☐ 분

34 250분 = ☐ 시간 ☐ 분

35 270분 = ☐ 시간 ☐ 분

36 310분 = ☐ 시간 ☐ 분

맞힌 개수	나의 학습 결과에 ○표 하세요.				QR 빠른정답 확인
개 /36개	맞힌 개수	0~3개	4~18개	19~33개	34~36개	
	학습 방법	다시 한번 풀어 봐요.	계산 연습이 필요해요.	틀린 문제를 확인해요.	실수하지 않도록 집중해요.	

1. 시간과 분 사이의 관계

🥕 ☐ 안에 알맞은 수를 써넣으세요.

1 1시간 15분 = ☐ 분

2 1시간 48분 = ☐ 분

3 2시간 5분 = ☐ 분

4 2시간 23분 = ☐ 분

5 3시간 15분 = ☐ 분

6 3시간 27분 = ☐ 분

7 3시간 48분 = ☐ 분

8 4시간 36분 = ☐ 분

9 85분 = ☐ 시간 ☐ 분

10 137분 = ☐ 시간 ☐ 분

11 151분 = ☐ 시간 ☐ 분

12 178분 = ☐ 시간 ☐ 분

13 186분 = ☐ 시간 ☐ 분

14 234분 = ☐ 시간 ☐ 분

15 265분 = ☐ 시간 ☐ 분

16 292분 = ☐ 시간 ☐ 분

연산 in 문장제

준영이는 1시간 35분 동안 영화를 보았습니다. 준영이가 영화를 본 시간은 몇 분인지 구해 보세요.

1	시간	➡	60	분
35	분	➡	35	분

1시간 35분 = **95분**
↑ 60분   ↑ 준영이가 영화를 본 시간

---

17 민정이는 1시간 10분 동안 공부를 하였습니다. 민정이가 공부를 한 시간은 몇 분인지 구해 보세요.

답 _____

➡

	시간	➡		분
	분	➡		분

---

18 정환이는 2시간 30분 동안 운동을 하였습니다. 정환이가 운동을 한 시간은 몇 분인지 구해 보세요.

답 _____

➡

	시간	➡		분
	분	➡		분

---

19 지호는 65분 동안 그림을 그렸습니다. 지호가 그림을 그린 시간은 몇 시간 몇 분인지 구해 보세요.

답 _____

➡

	분	➡		시간
	분	➡		분

---

20 재원이는 134분 동안 책을 읽었습니다. 재원이가 책을 읽은 시간은 몇 시간 몇 분인지 구해 보세요.

답 _____

➡

	분	➡		시간
	분	➡		분

---

21 서진이는 166분 동안 기차를 타고 갔습니다. 서진이가 기차를 타고 간 시간은 몇 시간 몇 분인지 구해 보세요.

답 _____

➡

	분	➡		시간
	분	➡		분

맞힌 개수

개 /21개

나의 학습 결과에 ○표 하세요.

맞힌 개수	0~2개	3~10개	11~19개	20~21개
학습 방법	다시 한번 풀어 봐요.	계산 연습이 필요해요.	틀린 문제를 확인해요.	실수하지 않도록 집중해요.

QR 빠른정답 확인

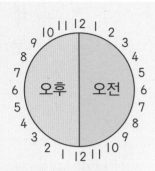

1일 = 24시간

전날 밤 12시부터 낮 12시까지를 오전, 낮 12시부터 밤 12시까지를 오후라고 해요.

🥕 ☐ 안에 알맞은 수를 써넣으세요.

1 2일 = ☐ 시간

2 3일 = ☐ 시간

3 4일 = ☐ 시간

4 5일 = ☐ 시간

5 6일 = ☐ 시간

6 7일 = ☐ 시간

7 8일 = ☐ 시간

8 9일 = ☐ 시간

9 10일 = ☐ 시간

10 12일 = ☐ 시간

11 24시간 = ☐ 일

12 72시간 = ☐ 일

13 96시간 = ☐ 일

14 120시간 = ☐ 일

15 168시간 = ☐ 일

16 192시간 = ☐ 일

17 216시간 = ☐ 일

18 264시간 = ☐ 일

19 312시간 = ☐ 일

20 1일 4시간 = ☐ 시간

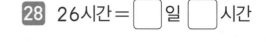
■일 ▲시간은
■일보다 ▲시간 더 긴 시간이에요.

21 1일 10시간 = ☐ 시간

22 1일 15시간 = ☐ 시간

23 2일 1시간 = ☐ 시간

24 2일 8시간 = ☐ 시간

25 2일 12시간 = ☐ 시간

26 3일 5시간 = ☐ 시간

27 3일 20시간 = ☐ 시간

28 26시간 = ☐ 일 ☐ 시간

29 35시간 = ☐ 일 ☐ 시간

30 40시간 = ☐ 일 ☐ 시간

31 50시간 = ☐ 일 ☐ 시간

32 62시간 = ☐ 일 ☐ 시간

33 75시간 = ☐ 일 ☐ 시간

34 80시간 = ☐ 일 ☐ 시간

35 90시간 = ☐ 일 ☐ 시긴

맞힌 개수	나의 학습 결과에 ○표 하세요.			
	맞힌 개수	0~3개	4~17개	18~32개	33~35개
개 /35개	학습 방법	다시 한번 풀어 봐요.	계산 연습이 필요해요.	틀린 문제를 확인해요.	실수하지 않도록 집중해요.

🌰 ☐ 안에 알맞은 수를 써넣으세요.

1 1일 6시간 = ☐ 시간

2 1일 12시간 = ☐ 시간

3 2일 7시간 = ☐ 시간

4 3일 1시간 = ☐ 시간

5 43시간 = ☐ 일 ☐ 시간

6 52시간 = ☐ 일 ☐ 시간

7 63시간 = ☐ 일 ☐ 시간

8 74시간 = ☐ 일 ☐ 시간

🌰 활동을 하는 데 걸린 시간을 구해 보세요.

9 등산을 시작한 시각   등산을 끝낸 시각

오전    오후

☐ 시간

10 놀이공원에 들어간 시각   놀이공원에서 나온 시각

오전    오후

☐ 시간

11 학교에 들어간 시각   학교에서 나온 시각

오전    오후

☐ 시간

12 해가 뜬 시각   해가 진 시각

오전    오후

☐ 시간

연산 in 문장제

석현이네 가족이 여행을 다녀오는 데 2일 10시간이 걸렸습니다. 석현이네 가족이 여행을 다녀오는 데 걸린 시간은 몇 시간인지 구해 보세요.

| 2 | 일 | ➡ | 48 | 시간 |
| 10 | 시간 | ➡ | 10 | 시간 |

$$\underset{\substack{\uparrow \\ 48시간}}{2일\ 10시간} = \underset{\substack{\uparrow \\ 석현이네\ 가족이\ 여행을\ 다녀오는\ 데\ 걸린\ 시간}}{58시간}$$

---

13 서우가 동화책 한 권을 읽는 데 1일 3시간이 걸렸습니다. 서우가 동화책 한 권을 읽는 데 걸린 시간은 몇 시간인지 구해 보세요.

➡

답 ＿＿＿＿＿＿＿

| | 일 | ➡ | | 시간 |
| | 시간 | ➡ | | 시간 |

---

14 정현이가 할머니 댁에 다녀오는 데 3일 14시간이 걸렸습니다. 정현이가 할머니 댁에 다녀오는 데 걸린 시간은 몇 시간인지 구해 보세요.

➡

답 ＿＿＿＿＿＿＿

| | 일 | ➡ | | 시간 |
| | 시간 | ➡ | | 시간 |

---

15 수아가 미술 숙제를 완성하는 데 29시간이 걸렸습니다. 수아가 미술 숙제를 완성하는 데 걸린 시간은 며칠 몇 시간인지 구해 보세요.

➡

답 ＿＿＿＿＿＿＿

| | 시간 | ➡ | | 일 |
| | 시간 | ➡ | | 시간 |

---

16 하진이가 퍼즐을 맞추는 데 103시간이 걸렸습니다. 하진이가 퍼즐을 맞추는 데 걸린 시간은 며칠 몇 시간인지 구해 보세요.

➡

답 ＿＿＿＿＿＿＿

| | 시간 | ➡ | | 일 |
| | 시간 | ➡ | | 시간 |

---

17 방울토마토 씨앗을 심고 싹이 나는 데 170시간이 걸렸습니다. 방울토마토 싹이 나는 데 걸린 시간은 며칠 몇 시간인지 구해 보세요.

➡

답 ＿＿＿＿＿＿＿

| | 시간 | ➡ | | 일 |
| | 시간 | ➡ | | 시간 |

맞힌 개수	나의 학습 결과에 ○표 하세요.				QR 빠른정답 확인
	맞힌 개수	0~2개	3~8개	9~15개	16~17개
개 /17개	학습 방법	다시 한번 풀어 봐요.	계산 연습이 필요해요.	틀린 문제를 확인해요.	실수하지 않도록 집중해요.

3. 1주일 알아보기

같은 요일이 7일마다 반복되어요.

🥕 ☐ 안에 알맞은 수를 써넣으세요.

1 2주일 = ☐ 일

2 3주일 = ☐ 일

3 4주일 = ☐ 일

4 6주일 = ☐ 일

5 7주일 = ☐ 일

6 8주일 = ☐ 일

7 9주일 = ☐ 일

8 10주일 = ☐ 일

9 11주일 = ☐ 일

10 12주일 = ☐ 일

11 7일 = ☐ 주일

12 21일 = ☐ 주일

13 28일 = ☐ 주일

14 35일 = ☐ 주일

15 49일 = ☐ 주일

16 56일 = ☐ 주일

17 63일 = ☐ 주일

18 91일 = ☐ 주일

19 98일 = ☐ 주일

20 1주일 2일 = ☐ 일

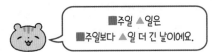
■주일 ▲일은
■주일보다 ▲일 더 긴 날이에요.

21 1주일 5일 = ☐ 일

22 2주일 1일 = ☐ 일

23 2주일 5일 = ☐ 일

24 3주일 2일 = ☐ 일

25 4주일 3일 = ☐ 일

26 4주일 6일 = ☐ 일

27 5주일 2일 = ☐ 일

28 10일 = ☐ 주일 ☐ 일

29 16일 = ☐ 주일 ☐ 일

30 20일 = ☐ 주일 ☐ 일

31 26일 = ☐ 주일 ☐ 일

32 29일 = ☐ 주일 ☐ 일

33 32일 = ☐ 주일 ☐ 일

34 38일 = ☐ 주일 ☐ 일

35 43일 = ☐ 주일 ☐ 일

맞힌 개수	나의 학습 결과에 ○표 하세요.				
	맞힌 개수	0~3개	4~17개	18~32개	33~35개
개 /35개	학습 방법	다시 한번 풀어 봐요.	계산 연습이 필요해요.	틀린 문제를 확인해요.	실수하지 않도록 집중해요.

QR 빠른정답 확인

🥕 ☐ 안에 알맞은 수를 써넣으세요.

1 1주일 4일 = ☐ 일

2 2주일 4일 = ☐ 일

3 3주일 1일 = ☐ 일

4 4주일 2일 = ☐ 일

5 24일 = ☐ 주일 ☐ 일

6 27일 = ☐ 주일 ☐ 일

7 39일 = ☐ 주일 ☐ 일

8 47일 = ☐ 주일 ☐ 일

🥕 어느 해의 5월 달력을 보고 ☐ 안에 알맞은 수나 말을 써넣으세요.

5월	일	월	화	수	목	금	토
			1	2	3	4	5	6
	7	8	9	10	11	12	13
	14	15	16	17	18	19	20
	21	22	23	24	25	26	27
	28	29	30	31			

9 8일은 ☐ 요일입니다.

10 16일은 ☐ 요일입니다.

11 8일에서 1주일 전은 ☐ 일입니다.

12 16일에서 1주일 전은 ☐ 일입니다.

13 8일에서 1주일 후는 ☐ 일입니다.

14 16일에서 1주일 후는 ☐ 일입니다.

15 8일에서 2주일 후는 ☐ 일입니다.

16 16일에서 2주일 후는 ☐ 일입니다.

연산 in 문장제

민영이네 가족은 I주일 I일 동안 강원도 여행을 하였습니다. 민영이네 가족이 강원도를 여행하는 데 걸린 기간은 며칠인지 구해 보세요.

I 주일	➡	7	일
I 일	➡	I	일

$$I주일\ I일 = 8일$$

↑   ↑
7일   민영이네 가족이 강원도를 여행하는 데 걸린 기간

---

17 민재네 학교의 겨울 방학 기간은 7주일 I일입니다. 겨울 방학 기간은 며칠인지 구해 보세요.

➡

	주일	➡		일
	일	➡		일

답 _____

---

18 정혁이는 I7일 동안 만들기 교실에 참여하였습니다. 정혁이가 만들기 교실에 참여한 날은 몇 주일 며칠인지 구해 보세요.

➡

	일	➡		주일
	일	➡		일

답 _____

---

19 민서는 25일 동안 매일 줄넘기를 하였습니다. 민서가 줄넘기를 한 날은 몇 주일 며칠인지 구해 보세요.

➡

	일	➡		주일
	일	➡		일

답 _____

---

20 오늘은 3월 25일이고, 예나의 생일은 I주일 전입니다. 예나의 생일은 3월 며칠인지 구해 보세요.

 오늘 날짜에서 I주일을 빼면 예나의 생일을 구할 수 있어요.

➡

	일	➡		일
	주일	➡		일

답 _____

---

21 오늘은 I0월 I7일이고, 현우의 생일은 2주일 후입니다. 현우의 생일은 I0월 며칠인지 구해 보세요.

➡

	일	➡		일
	주일	➡		일

답 _____

맞힌 개수

개 /21개

나의 학습 결과에 ○표 하세요.				
맞힌 개수	0~2개	3~10개	11~19개	20~21개
학습 방법	다시 한번 풀어 봐요.	계산 연습이 필요해요.	틀린 문제를 확인해요.	실수하지 않도록 집중해요.

QR 빠른정답 확인

4. 1년 알아보기

1년 = 12개월

꼭 1월부터 12월까지가 1년인 것은 아니에요. 시작하는 달이 언제든지 열두 달을 지나는 시간이 1년이랍니다.

🥕 ☐ 안에 알맞은 수를 써넣으세요.

1 2년 = ☐ 개월

2 4년 = ☐ 개월

3 5년 = ☐ 개월

4 6년 = ☐ 개월

5 7년 = ☐ 개월

6 9년 = ☐ 개월

7 10년 = ☐ 개월

8 11년 = ☐ 개월

9 12년 = ☐ 개월

10 13년 = ☐ 개월

11 12개월 = ☐ 년

12 24개월 = ☐ 년

13 36개월 = ☐ 년

14 60개월 = ☐ 년

15 72개월 = ☐ 년

16 84개월 = ☐ 년

17 96개월 = ☐ 년

18 108개월 = ☐ 년

19 168개월 = ☐ 년

20 1년 2개월 = ☐ 개월

28 15개월 = ☐ 년 ☐ 개월

21 1년 11개월 = ☐ 개월

29 20개월 = ☐ 년 ☐ 개월

22 2년 3개월 = ☐ 개월

30 26개월 = ☐ 년 ☐ 개월

23 2년 5개월 = ☐ 개월

31 30개월 = ☐ 년 ☐ 개월

24 3년 1개월 = ☐ 개월

32 39개월 = ☐ 년 ☐ 개월

25 3년 9개월 = ☐ 개월

33 46개월 = ☐ 년 ☐ 개월

26 4년 4개월 = ☐ 개월

34 55개월 = ☐ 년 ☐ 개월

27 4년 10개월 = ☐ 개월

35 59개월 = ☐ 년 ☐ 개월

맞힌 개수	나의 학습 결과에 ○표 하세요.			
	맞힌 개수	0~3개	4~17개	18~32개	33~35개
개 /35개	학습 방법	다시 한번 풀어 봐요.	계산 연습이 필요해요.	틀린 문제를 확인해요.	실수하지 않도록 집중해요.

QR 빠른정답 확인

🥕 ☐ 안에 알맞은 수를 써넣으세요.

1 1년 5개월 = ☐ 개월

2 1년 9개월 = ☐ 개월

3 2년 7개월 = ☐ 개월

4 2년 10개월 = ☐ 개월

5 3년 4개월 = ☐ 개월

6 3년 6개월 = ☐ 개월

7 4년 6개월 = ☐ 개월

8 5년 3개월 = ☐ 개월

9 18개월 = ☐ 년 ☐ 개월

10 22개월 = ☐ 년 ☐ 개월

11 28개월 = ☐ 년 ☐ 개월

12 32개월 = ☐ 년 ☐ 개월

13 41개월 = ☐ 년 ☐ 개월

14 47개월 = ☐ 년 ☐ 개월

15 57개월 = ☐ 년 ☐ 개월

16 61개월 = ☐ 년 ☐ 개월

연산 in 문장제

민수의 동생은 태어난 지 4년 2개월이 되었습니다. 민수의 동생이 태어난 지 몇 개월이 되었는지 구해 보세요.

$$4년 2개월 = 50개월$$

↑ 48개월

↑ 동생의 개월 수

| 4 년 | ➡ | 48 개월 |
| 2 개월 | ➡ | 2 개월 |

---

17 어느 마을에서 강을 건너는 다리를 만드는 데 3년 8개월이 걸렸습니다. 다리를 만드는 데 몇 개월이 걸렸는지 구해 보세요.

➡
| 년 | ➡ | 개월 |
| 개월 | ➡ | 개월 |

답 _____

---

18 정우 부모님이 결혼하신 지 10년 5개월이 되었습니다. 정우 부모님이 결혼하신 지 몇 개월이 되었는지 구해 보세요.

➡
| 년 | ➡ | 개월 |
| 개월 | ➡ | 개월 |

답 _____

---

19 재현이가 초등학교에 입학한 지 19개월이 지났습니다. 재현이가 초등학교에 입학한 지 몇 년 몇 개월이 지났는지 구해 보세요.

➡
| 개월 | ➡ | 년 |
| 개월 | ➡ | 개월 |

답 _____

---

20 수호가 피아노 학원에 다닌 지 25개월이 되었습니다. 수호가 피아노 학원에 다닌 지 몇 년 몇 개월이 되었는지 구해 보세요.

➡
| 개월 | ➡ | 년 |
| 개월 | ➡ | 개월 |

답 _____

---

21 원희 아버지는 38개월 동안 미국에서 일을 하고 계십니다. 원희 아버지가 미국에서 일을 하신 지 몇 년 몇 개월이 되었는지 구해 보세요.

➡
| 개월 | ➡ | 년 |
| 개월 | ➡ | 개월 |

답 _____

맞힌 개수	나의 학습 결과에 ○표 하세요.				QR 빠른 정답 확인
	맞힌 개수	0~2개	3~10개	11~19개	20~21개	
개 /21개	학습 방법	다시 한번 풀어 봐요.	계산 연습이 필요해요.	틀린 문제를 확인해요.	실수하지 않도록 집중해요.	

🥕 ☐ 안에 알맞은 수를 써넣으세요.

1 1시간 13분 = ☐ 분

2 1시간 55분 = ☐ 분

3 2시간 27분 = ☐ 분

4 3시간 5분 = ☐ 분

5 105분 = ☐ 시간 ☐ 분

6 118분 = ☐ 시간 ☐ 분

7 202분 = ☐ 시간 ☐ 분

8 255분 = ☐ 시간 ☐ 분

9 1일 8시간 = ☐ 시간

10 1일 14시간 = ☐ 시간

11 2일 5시간 = ☐ 시간

12 3일 4시간 = ☐ 시간

13 25시간 = ☐ 일 ☐ 시간

14 37시간 = ☐ 일 ☐ 시간

15 51시간 = ☐ 일 ☐ 시간

16 65시간 = ☐ 일 ☐ 시간

17 1주일 6일= ☐ 일

18 4주일 5일= ☐ 일

19 5주일 1일= ☐ 일

20 6주일 2일= ☐ 일

21 18일= ☐ 주일 ☐ 일

22 30일= ☐ 주일 ☐ 일

23 41일= ☐ 주일 ☐ 일

24 45일= ☐ 주일 ☐ 일

25 1년 4개월= ☐ 개월

26 2년 9개월= ☐ 개월

27 3년 7개월= ☐ 개월

28 4년 5개월= ☐ 개월

29 13개월= ☐ 년 ☐ 개월

30 35개월= ☐ 년 ☐ 개월

31 51개월= ☐ 년 ☐ 개월

32 62개월= ☐ 년 ☐ 개월

33 서우는 1시간 7분 동안 줄넘기를 하였습니다. 서우가 줄넘기를 한 시간은 몇 분인지 구해 보세요.

답 _____

34 민석이는 145분 동안 빵을 만들었습니다. 민석이가 빵을 만드는 데 걸린 시간은 몇 시간 몇 분인지 구해 보세요.

답 _____

35 주완이가 과학책 한 권을 읽는 데 3일 6시간이 걸렸습니다. 주완이가 과학책 한 권을 읽는 데 걸린 시간은 몇 시간인지 구해 보세요.

답 _____

36 어느 공장에서 로봇 한 개를 만드는 데 70시간이 걸렸습니다. 로봇 한 개를 만드는 데 걸린 시간은 며칠 몇 시간인지 구해 보세요.

답 _____

37 혁진이는 5주일 5일 동안 매일 종이접기를 하였습니다. 혁진이가 종이접기를 한 날은 며칠인지 구해 보세요.

답 _____

38 시완이는 51일 동안 매일 축구를 하였습니다. 시완이가 축구를 한 날은 몇 주일 며칠인지 구해 보세요.

답 _____

39 윤서는 별빛 마을로 이사온 지 56개월이 되었습니다. 윤서가 이사온 지 몇 년 몇 개월이 되었는지 구해 보세요.

답 _____

연산 노트

맞힌 개수	나의 학습 결과에 ○표 하세요.				QR 빠른정답 확인
	맞힌 개수	0~4개	5~20개	21~36개	37~39개	
개 /39개	학습 방법	다시 한번 풀어 봐요.	계산 연습이 필요해요.	틀린 문제를 확인해요.	실수하지 않도록 집중해요.	

5

규칙 찾기

 **01일차** **1. 덧셈표에서 규칙 찾기**

+	0	1	2	3
0	0	1	2	3
1	1	2	3	4
2	2	3	4	5
3	3	4	5	6

규칙
█ 으로 칠해진 수는 오른쪽으로 갈수록 1씩 커져요.

규칙
█ 으로 칠해진 수는 아래쪽으로 갈수록 1씩 커져요.

규칙
█ 으로 칠해진 수는 ↘ 방향으로 갈수록 2씩 커져요.

덧셈표에서 여러 가지 규칙을 찾을 수 있어요.

🥕 덧셈표를 완성해 보세요.

1

+	0	1	2
0			
1			
2			

2

+	3	4	5
3			
4			
5			

3

+	6	7	8
6			
7			
8			

4

+	1	3	5
1			
3			
5			

5

+	2	4	6
2			
4			
6			

6

+	1	4	7
1			
4			
7			

7

+	2	5	8
2			
5			
8			

8

+	3	6	9
3			
6			
9			

🐹 덧셈표를 보고 규칙을 찾아 ☐ 안에 알맞은 수를 써넣으세요.

9

+	2	3	4	5
2	4	5	6	7
3	5	6	7	8
4	6	7	8	9
5	7	8	9	10

▨으로 칠해진 수는

오른쪽으로 갈수록 ☐씩 커집니다.

▨으로 칠해진 수는

아래쪽으로 갈수록 ☐씩 커집니다.

▨으로 칠해진 수는

↘ 방향으로 갈수록 ☐씩 커집니다.

11

+	1	3	5	7
1	2	4	6	8
3	4	6	8	10
5	6	8	10	12
7	8	10	12	14

▨으로 칠해진 수는

오른쪽으로 갈수록 ☐씩 커집니다.

▨으로 칠해진 수는

아래쪽으로 갈수록 ☐씩 커집니다.

▨으로 칠해진 수는

↘ 방향으로 갈수록 ☐씩 커집니다.

10

+	4	5	6	7
4	8	9	10	11
5	9	10	11	12
6	10	11	12	13
7	11	12	13	14

▨으로 칠해진 수는

오른쪽으로 갈수록 ☐씩 커집니다.

▨으로 칠해진 수는

아래쪽으로 갈수록 ☐씩 커집니다.

▨으로 칠해진 수는

↘ 방향으로 갈수록 ☐씩 커집니다.

12

+	2	4	6	8
2	4	6	8	10
4	6	8	10	12
6	8	10	12	14
8	10	12	14	16

▨으로 칠해진 수는

오른쪽으로 갈수록 ☐씩 커집니다.

▨으로 칠해진 수는

아래쪽으로 갈수록 ☐씩 커집니다.

▨으로 칠해진 수는

↘ 방향으로 갈수록 ☐씩 커집니다.

맞힌 개수	나의 학습 결과에 ○표 하세요.				QR 빠른정답 확인
개 /12개	맞힌 개수	0~1개	2~6개	7~11개	12개
	학습 방법	다시 한번 풀어 봐요.	계산 연습이 필요해요.	틀린 문제를 확인해요.	실수하지 않도록 집중해요.

5. 규칙 찾기 **161**

🥕 덧셈표를 완성해 보세요.

1

+	1	2	3
1			
2			
3			

5

+	5	7	9
5			
7			
9			

9

+	1	3	5
1			
2			
3			

2

+	4	5	6
4			
5			
6			

6

+	0	3	6
0			
3			
6			

10

+	2	4	6
3			
6			
9			

3

+	7	8	9
7			
8			
9			

7

+	0	4	8
0			
4			
8			

11

+	3	5	7
4			
6			
8			

4

+	4	6	8
4			
6			
8			

8

+	1	5	9
1			
5			
9			

12

+	0	4	8
5			
7			
9			

🐛 덧셈표를 보고 규칙을 찾아 ☐ 안에 알맞은 수를 써넣으세요.

13

+	0	3	6	9
0	0	3	6	9
3	3	6	9	12
6	6	9	12	15
9	9	12	15	18

▨▨▨으로 칠해진 수는

오른쪽으로 갈수록 ☐씩 커집니다.

▨▨▨으로 칠해진 수는

아래쪽으로 갈수록 ☐씩 커집니다.

▨▨▨으로 칠해진 수는

╲ 방향으로 갈수록 ☐씩 커집니다.

15

+	0	3	6	9
1	1	4	7	10
3	3	6	9	12
5	5	8	11	14
7	7	10	13	16

▨▨▨으로 칠해진 수는

오른쪽으로 갈수록 ☐씩 커집니다.

▨▨▨으로 칠해진 수는

아래쪽으로 갈수록 ☐씩 커집니다.

▨▨▨으로 칠해진 수는

╲ 방향으로 갈수록 ☐씩 커집니다.

14

+	1	2	3	4
2	3	4	5	6
4	5	6	7	8
6	7	8	9	10
8	9	10	11	12

▨▨▨으로 칠해진 수는

오른쪽으로 갈수록 ☐씩 커집니다.

▨▨▨으로 칠해진 수는

아래쪽으로 갈수록 ☐씩 커집니다.

▨▨▨으로 칠해진 수는

╲ 방향으로 갈수록 ☐씩 커집니다.

16

+	1	3	5	7
0	1	3	5	7
2	3	5	7	9
4	5	7	9	11
6	7	9	11	13

▨▨▨으로 칠해진 수는

오른쪽으로 갈수록 ☐씩 커집니다.

▨▨▨으로 칠해진 수는

아래쪽으로 갈수록 ☐씩 커집니다.

▨▨▨으로 칠해진 수는

╲ 방향으로 갈수록 ☐씩 커집니다.

03일차   2. 곱셈표에서 규칙 찾기

×	1	2	3	4
1	1	2	3	4
2	2	4	6	8
3	3	6	9	12
4	4	8	12	16

규칙
■으로 칠해진 수는 오른쪽으로 갈수록 2씩 커져요.

규칙
■으로 칠해진 수는 아래쪽으로 갈수록 4씩 커져요.

곱셈표에서 여러 가지 규칙을 찾을 수 있어요.

🥕 곱셈표를 완성해 보세요.

1

×	0	1	2
0			
1			
2			

3

×	6	7	8
6			
7			
8			

2

×	3	4	5
3			
4			
5			

4

×	1	3	5
1			
3			
5			

5

×	2	4	6
2			
4			
6			

6

×	1	4	7
1			
4			
7			

7

×	2	5	8
2			
5			
8			

8

×	3	6	9
3			
6			
9			

🐌 곱셈표를 보고 규칙을 찾아 ☐ 안에 알맞은 수를 써넣으세요.

9

×	2	3	4	5
2	4	6	8	10
3	6	9	12	15
4	8	12	16	20
5	10	15	20	25

▨으로 칠해진 수는
오른쪽으로 갈수록 ☐씩 커집니다.
▨으로 칠해진 수는
아래쪽으로 갈수록 ☐씩 커집니다.

11

×	2	4	6	8
2	4	8	12	16
4	8	16	24	32
6	12	24	36	48
8	16	32	48	64

▨으로 칠해진 수는
오른쪽으로 갈수록 ☐씩 커집니다.
▨으로 칠해진 수는
아래쪽으로 갈수록 ☐씩 커집니다.

10

×	6	7	8	9
6	36	42	48	54
7	42	49	56	63
8	48	56	64	72
9	54	63	72	81

▨으로 칠해진 수는
오른쪽으로 갈수록 ☐씩 커집니다.
▨으로 칠해진 수는
아래쪽으로 갈수록 ☐씩 커집니다.

12

×	3	5	7	9
3	9	15	21	27
5	15	25	35	45
7	21	35	49	63
9	27	45	63	81

▨으로 칠해진 수는
오른쪽으로 갈수록 ☐씩 커집니다.
▨으로 칠해진 수는
아래쪽으로 갈수록 ☐씩 커집니다.

맞힌 개수	나의 학습 결과에 ○표 하세요.					QR 빠른정답 확인
개 /12개	맞힌 개수	0~1개	2~6개	7~11개	12개	
	학습 방법	다시 한번 풀어 봐요.	계산 연습이 필요해요.	틀린 문제를 확인해요.	실수하지 않도록 집중해요.	

5. 규칙 찾기 **165**

2. 곱셈표에서 규칙 찾기

곱셈표를 완성해 보세요.

1

×	1	2	3
1			
2			
3			

5

×	5	7	9
5			
7			
9			

9

×	1	3	5
1			
2			
3			

2

×	4	5	6
4			
5			
6			

6

×	0	3	6
0			
3			
6			

10

×	2	4	6
3			
6			
9			

3

×	7	8	9
7			
8			
9			

7

×	0	4	8
0			
4			
8			

11

×	3	5	7
4			
6			
8			

4

×	4	6	8
4			
6			
8			

8

×	1	5	9
1			
5			
9			

12

×	0	4	8
5			
7			
9			

🐿️ 곱셈표를 보고 규칙을 찾아 ☐ 안에 알맞은 수를 써넣으세요.

13

×	1	3	5	7
1	1	3	5	7
3	3	9	15	21
5	5	15	25	35
7	7	21	35	49

▨으로 칠해진 수는

오른쪽으로 갈수록 ☐씩 커집니다.

▧으로 칠해진 수는

아래쪽으로 갈수록 ☐씩 커집니다.

15

×	1	2	3	4
3	3	6	9	12
4	4	8	12	16
5	5	10	15	20
6	6	12	18	24

▨으로 칠해진 수는

오른쪽으로 갈수록 ☐씩 커집니다.

▧으로 칠해진 수는

아래쪽으로 갈수록 ☐씩 커집니다.

14

×	2	4	6	8
2	4	8	12	16
4	8	16	24	32
6	12	24	36	48
8	16	32	48	64

▨으로 칠해진 수는

오른쪽으로 갈수록 ☐씩 커집니다.

▧으로 칠해진 수는

아래쪽으로 갈수록 ☐씩 커집니다.

16

×	2	3	4	5
1	2	3	4	5
3	6	9	12	15
5	10	15	20	25
7	14	21	28	35

▨으로 칠해진 수는

오른쪽으로 갈수록 ☐씩 커집니다.

▧으로 칠해진 수는

아래쪽으로 갈수록 ☐씩 커집니다.

맞힌 개수	나의 학습 결과에 ○표 하세요.				QR 빠른정답 확인
개 /16개	맞힌 개수	0~2개	3~8개	9~14개	15~16개	
	학습 방법	다시 한번 풀어 봐요.	계산 연습이 필요해요.	틀린 문제를 확인해요.	실수하지 않도록 집중해요.	

연산 마무리

🥕 덧셈표를 완성해 보세요.

1

+	0	1	2	3
1				
2				
3				
4				

5

+	1	3	5	7
0				
2				
4				
6				

2

+	2	3	4	5
3				
4				
5				
6				

6

+	1	3	5	7
0				
3				
6				
9				

3

+	4	5	6	7
5				
6				
7				
8				

7

+	2	4	6	8
1				
3				
5				
7				

4

+	5	6	7	8
6				
7				
8				
9				

8

+	2	4	6	8
4				
5				
6				
7				

🥕 곱셈표를 완성해 보세요.

9

×	0	1	2	3
1				
2				
3				
4				

13

×	1	3	5	7
0				
2				
4				
6				

10

×	2	3	4	5
3				
4				
5				
6				

14

×	1	3	5	7
0				
3				
6				
9				

11

×	4	5	6	7
5				
6				
7				
8				

15

×	2	4	6	8
1				
3				
5				
7				

12

×	5	6	7	8
6				
7				
8				
9				

16

×	2	4	6	8
4				
5				
6				
7				

🥕 덧셈표를 보고 규칙을 찾아 ☐ 안에 알맞은 수를 써넣으세요.

17

+	1	2	3	4
5	6	7	8	9
6	7	8	9	10
7	8	9	10	11
8	9	10	11	12

▨으로 칠해진 수는

오른쪽으로 갈수록 ☐씩 커집니다.

▨으로 칠해진 수는

아래쪽으로 갈수록 ☐씩 커집니다.

▨으로 칠해진 수는

↘ 방향으로 갈수록 ☐씩 커집니다.

18

+	2	3	4	5
3	5	6	7	8
5	7	8	9	10
7	9	10	11	12
9	11	12	13	14

▨으로 칠해진 수는

오른쪽으로 갈수록 ☐씩 커집니다.

▨으로 칠해진 수는

아래쪽으로 갈수록 ☐씩 커집니다.

▨으로 칠해진 수는

↘ 방향으로 갈수록 ☐씩 커집니다.

🥕 곱셈표를 보고 규칙을 찾아 ☐ 안에 알맞은 수를 써넣으세요.

19

×	1	2	3	4
5	5	10	15	20
6	6	12	18	24
7	7	14	21	28
8	8	16	24	32

▨으로 칠해진 수는

오른쪽으로 갈수록 ☐씩 커집니다.

▨으로 칠해진 수는

아래쪽으로 갈수록 ☐씩 커집니다.

20

×	2	3	4	5
3	6	9	12	15
5	10	15	20	25
7	14	21	28	35
9	18	27	36	45

▨으로 칠해진 수는

오른쪽으로 갈수록 ☐씩 커집니다.

▨으로 칠해진 수는

아래쪽으로 갈수록 ☐씩 커집니다.

맞힌 개수	나의 학습 결과에 ○표 하세요.				QR 빠른정답 확인
개 /20개	맞힌 개수	0~2개	3~10개	11~18개	19~20개
	학습 방법	다시 한번 풀어 봐요.	계산 연습이 필요해요.	틀린 문제를 확인해요.	실수하지 않도록 집중해요.

연산 노트

연산 노트

초등 풍산자로 개념을 적용하고 응용하여
연산, 유형, 서술형을 풀면 실력이 탄탄해집니다

처음 배우는 수학을 쉽게 접근하는 초등 풍산자 로드맵

연산 집중훈련서 → 풍산자 개념X연산
교과 유형학습서 → 풍산자 개념X유형
서술형 집중연습서 → 풍산자 개념X서술형
연산 반복훈련서 → 풍산자 연산
유형 문제기본서 → 풍산자 유형

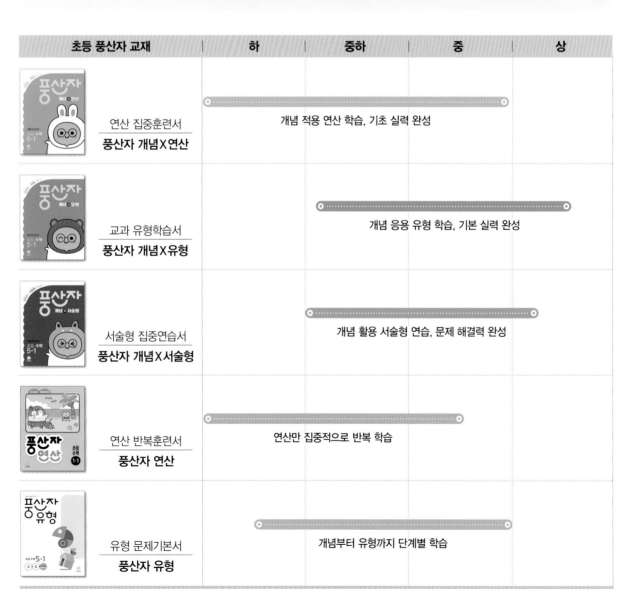

초등 풍산자 교재	하	중하	중	상
연산 집중훈련서 **풍산자 개념X연산**	개념 적용 연산 학습, 기초 실력 완성			
교과 유형학습서 **풍산자 개념X유형**			개념 응용 유형 학습, 기본 실력 완성	
서술형 집중연습서 **풍산자 개념X서술형**			개념 활용 서술형 연습, 문제 해결력 완성	
연산 반복훈련서 **풍산자 연산**	연산만 집중적으로 반복 학습			
유형 문제기본서 **풍산자 유형**		개념부터 유형까지 단계별 학습		

풍산자 연산

정답

초등 수학

2·2

하이라이트
지학사

풍산자 연산

초등 연산의 모든 것

정답

초등 **수학** 2-2

정답

1. 네 자리 수

01일차   1. 천, 몇천 알아보기

8쪽

1	천	6	1000
2	3000	7	100
3	6000	8	50
4	1000	9	10, 천
5	1000	10	1000, 천
		11	9000, 구천
		12	8, 팔천

9쪽

13	이천	20	9000
14	육천	21	6000
15	천	22	5000
16	칠천	23	7000
17	팔천	24	3000
18	사천	25	4000
19	오천	26	2000

02일차   1. 천, 몇천 알아보기

10쪽

1	1000, 천	7	1000, 천
2	7000, 칠천	8	3000, 삼천
3	2000, 이천	9	6000, 육천
4	1000, 천	10	5000, 오천
5	5000, 오천	11	8000, 팔천
6	1000, 천		

11쪽

12	4000원
13	7000개
14	3000개
15	6000개
16	9000개

03일차   2. 네 자리 수 알아보기

12쪽

1	3482	6	1357
2	1752	7	8641
3	6349	8	3054
4	4873	9	7903
5	5164	10	9850
		11	5734
		12	2408

13쪽

13	천팔백구십이	20	9234
14	이천칠백삼십사	21	3458
15	오천이백구십삼	22	2569
16	육천백이십오	23	1146
17	칠천백팔십육	24	7392
18	사천구백십이	25	4253
19	삼천삼백팔십사	26	8267

14쪽

1 6983, 육천구백팔십삼
2 8612, 팔천육백십이
3 9739, 구천칠백삼십구
4 5260, 오천이백육십
5 7086, 칠천팔십육

6 2121, 이천백이십일
7 3234, 삼천이백삼십사
8 1567, 천오백육십칠
9 4015, 사천십오
10 2306, 이천삼백육

15쪽

11 4650원
12 2758그루
13 1890자루
14 5821개
15 3206개

16쪽

1 2, 7, 2, 200, 70, 2 / 200, 70, 2
2 4, 1, 6, 400, 10, 6 / 400, 10, 6

3 4, 8, 2, 5, 4000, 800, 20, 5 / 4000, 800, 20, 5
4 5, 1, 3, 7, 5000, 100, 30, 7 / 5000, 100, 30, 7
5 7, 2, 1, 8, 7000, 200, 10, 8 / 7000, 200, 10, 8
6 3, 8, 3, 4, 3000, 800, 30, 4 / 3000, 800, 30, 4

17쪽

7 400, 60, 5
8 300, 10, 2
9 100, 80, 3
10 1000, 300, 50, 9
11 8000, 200, 10, 7

12 1, 8, 5, 3
13 2, 3, 6, 7
14 3, 1, 5, 9
15 9, 3, 7, 4
16 4, 7, 6, 5

18쪽

1 10
2 700
3 4000
4 80
5 500
6 7000
7 5

8 600
9 4000
10 40
11 2000
12 200
13 7
14 5000

15 5
16 80
17 9000
18 800
19 30
20 10
21 6

19쪽

22 십, 60
23 백, 800
24 십, 20
25 천, 6000
26 백, 100
27 백, 300
28 천, 5000

29 일, 8
30 일, 2
31 십, 10
32 백, 500
33 일, 9
34 백, 700
35 백, 400

20쪽

1 (왼쪽부터) 4000, 5000
2 (왼쪽부터) 4100, 5100
3 (왼쪽부터) 4610, 6610
4 (왼쪽부터) 5486, 6486
5 (왼쪽부터) 4657, 7657, 8657

6 (왼쪽부터) 6420, 6520
7 (왼쪽부터) 2655, 2755
8 (왼쪽부터) 5442, 5642
9 (왼쪽부터) 1689, 1989
10 (왼쪽부터) 5212, 5412
11 (왼쪽부터) 9234, 9534, 9634
12 (왼쪽부터) 7293, 7393, 7493

21쪽

13 (왼쪽부터) 8252, 8262
14 (왼쪽부터) 7565, 7575
15 (왼쪽부터) 9341, 9361
16 (왼쪽부터) 1219, 1249
17 (왼쪽부터) 6143, 6163
18 (왼쪽부터) 8514, 8544, 8554
19 (왼쪽부터) 3270, 3280, 3290

20 (왼쪽부터) 5133, 5134
21 (왼쪽부터) 6566, 6567
22 (왼쪽부터) 1453, 1455
23 (왼쪽부터) 2126, 2129
24 (왼쪽부터) 4245, 4247
25 (왼쪽부터) 7101, 7104, 7105
26 (왼쪽부터) 8494, 8495, 8496

22쪽

1 1
2 100
3 10
4 1000
5 100
6 1000

7 100
8 10
9 1000
10 1
11 100
12 1000

23쪽

13 (왼쪽부터) 7421, 8421
14 (왼쪽부터) 2363, 2383
15 (왼쪽부터) 5330, 5630
16 (왼쪽부터) 6217, 6227
17 (왼쪽부터) 2059, 3059, 6059
18 (왼쪽부터) 1267, 1567, 1667
19 (왼쪽부터) 3233, 3235, 3236

20 (왼쪽부터) 3185, 3085
21 (왼쪽부터) 6271, 6261
22 (왼쪽부터) 7039, 4039
23 (왼쪽부터) 4646, 4645
24 (왼쪽부터) 9876, 9866, 9836
25 (왼쪽부터) 7408, 7108, 7008
26 (왼쪽부터) 7370, 5370, 4370

4. 뛰어 세기

24쪽

1 (왼쪽부터) 5426, 5427 / 1
2 (왼쪽부터) 6511, 6711 / 100
3 (왼쪽부터) 7255, 7285 / 10
4 (왼쪽부터) 1138, 1148 / 10
5 (왼쪽부터) 2176, 4176, 5176 / 1000
6 (왼쪽부터) 4334, 4534, 4634 / 100

7 (왼쪽부터) 5292, 3292 / 1000
8 (왼쪽부터) 2047, 2044 / 1
9 (왼쪽부터) 5676, 5666 / 10
10 (왼쪽부터) 9876, 8876, 5876 / 1000
11 (왼쪽부터) 8408, 8405, 8404 / 1
12 (왼쪽부터) 9572, 9372, 9272 / 100

25쪽

13 6850원
14 1290개
15 1500쪽
16 3377장

5. 두 수의 크기 비교

26쪽

1 >	6 >	13 <
2 <	7 <	14 >
3 <	8 <	15 >
4 <	9 >	16 <
5 >	10 >	17 <
	11 >	18 >
	12 <	19 <

27쪽

20 <	27 >	34 >
21 >	28 >	35 <
22 >	29 <	36 >
23 <	30 <	37 >
24 <	31 >	38 >
25 >	32 >	39 <
26 <	33 <	40 >

5. 두 수의 크기 비교

28쪽

1 >	8 >	15 >
2 <	9 <	16 <
3 <	10 <	17 >
4 <	11 >	18 <
5 >	12 >	19 <
6 <	13 <	20 >
7 <	14 <	21 <

29쪽

22 포도주스
23 백합
24 풍산 초등학교
25 빨간색 리본

6. 세 수의 크기 비교

30쪽

1 4789에 ○표
2 9782에 ○표
3 4673에 ○표
4 8696에 ○표
5 1971에 ○표

6 8487에 ○표
7 4782에 ○표
8 9832에 ○표
9 2892에 ○표
10 6893에 ○표
11 5981에 ○표
12 8913에 ○표

31쪽

13 1735에 △표
14 4765에 △표
15 6781에 ○표
16 2163에 △표
17 1982에 △표
18 5687에 △표
19 3250에 △표

20 3678에 △표
21 3478에 △표
22 4312에 △표
23 6187에 △표
24 2091에 △표
25 9304에 △표
26 8012에 △표

6. 세 수의 크기 비교

32쪽

1 4678, 4398, 3789
2 7821, 2789, 2749
3 5812, 5811, 5810
4 5672, 2789, 1527
5 9473, 8732, 8215
6 4981, 4879, 4562
7 7871, 7825, 7816

8 2867, 2781, 1756
9 3091, 3019, 3018
10 6781, 6192, 6182
11 9810, 9312, 9184
12 9107, 9102, 8120
13 4811, 2891, 2673
14 4291, 4179, 4178

33쪽

15 민재
16 귤
17 행복 마을
18 고구마

연산&문장제 마무리

34쪽

1 3000, 삼천
2 6498, 육천사백구십팔
3 2759, 이천칠백오십구
4 4702, 사천칠백이
5 8037, 팔천삼십칠

6 백, 100
7 천, 2000
8 일, 4
9 천, 9000
10 십, 80
11 일, 3
12 백, 500

35쪽

13 6156, 6166 / 10
14 7524, 7724 / 100
15 4246, 7246 / 1000
16 9140, 9141 / 1
17 4135, 4125 / 10
18 7296, 7294 / 1
19 5520, 4520 / 1000
20 1828, 1728 / 100

21 >
22 <
23 >
24 <
25 1847, 1879, 1905
26 6982, 6987, 7589
27 3127, 4925, 5891
28 8234, 8952, 8958

36쪽

29 6000권
30 8000송이
31 3900켤레
32 2050개
33 2930원
34 미술관
35 고구마 맛 과자

2. 곱셈구구

01일차 **1. 2단 곱셈구구**

38쪽

1	8	6	16
2	10	7	8
3	6	8	4
4	12	9	12
5	4	10	6
		11	14
		12	10
		13	18

39쪽

14 1, 6, 5, 7, 18
15 2, 8, 5, 12, 9
16 4, 3, 4, 6, 18
17 1, 10, 14, 8, 18
18 2, 2, 12, 14, 9
19 6, 4, 12, 7, 16

02일차 **1. 2단 곱셈구구**

40쪽

1	14	7	2
2	12	8	9
3	8	9	8
4	16	10	3
5	6	11	4
6	10	12	6

41쪽

13 14 cm
14 18개
15 10개
16 12컵
17 16명

03일차 **2. 3단 곱셈구구**

42쪽

1	15	6	9
2	6	7	21
3	9	8	6
4	12	9	12
5	21	10	24
		11	27
		12	18
		13	15

43쪽

14 1, 3, 15, 6, 24
15 6, 9, 5, 21, 9
16 2, 4, 21, 8, 27
17 3, 4, 15, 7, 24
18 3, 6, 5, 18, 9
19 3, 12, 18, 8, 27

04 일차 2. 3단 곱셈구구

44쪽

1. 9
2. 27
3. 18
4. 15
5. 21
6. 6

7. 8
8. 5
9. 2
10. 7
11. 4
12. 3

45쪽

13. 18명
14. 12 cm
15. 24개
16. 21개
17. 27자루

05 일차 3. 4단 곱셈구구

46쪽

1. 12
2. 24
3. 28
4. 16
5. 32

6. 36
7. 8
8. 24
9. 16
10. 20
11. 32
12. 12
13. 28

47쪽

14. 3, 20, 28, 8, 9
15. 2, 12, 5, 24, 32

16. 1, 8, 16, 24, 7
17. 4, 4, 20, 28, 9

18. 2, 12, 5, 32, 36
19. 1, 8, 16, 6, 7

06 일차 3. 4단 곱셈구구

48쪽

1. 20
2. 24
3. 12
4. 28
5. 8
6. 16

7. 3
8. 2
9. 8
10. 9
11. 5
12. 6

49쪽

13. 32개
14. 16개
15. 36명
16. 28개
17. 24장

50쪽

1 30
2 20
3 10
4 25
5 15
6 35
7 30
8 15
9 10
10 40
11 25
12 20
13 45

51쪽

14 10, 15, 6, 35, 9
15 5, 2, 25, 7, 40
16 3, 4, 30, 8, 45
17 1, 20, 5, 6, 45
18 5, 2, 5, 7, 40
19 15, 4, 35, 8, 9

08 일차 4. 5단 곱셈구구

52쪽

1 20
2 40
3 25
4 15
5 35
6 45
7 7
8 6
9 3
10 5
11 2
12 8

53쪽

13 10명
14 25쪽
15 15장
16 45개
17 30장

09 일차 5. 6단 곱셈구구

54쪽

1 12
2 24
3 30
4 36
5 18
6 48
7 30
8 36
9 18
10 54
11 42
12 12
13 24

55쪽

14 6, 3, 24, 7, 48
15 2, 4, 30, 42, 9
16 12, 18, 5, 6, 54
17 1, 24, 36, 8, 54
18 1, 2, 30, 42, 9
19 6, 18, 6, 7, 48

5. 6단 곱셈구구

56쪽

1. 12
2. 36
3. 18
4. 30
5. 42
6. 24
7. 5
8. 8
9. 9
10. 2
11. 3
12. 6

57쪽

13. 42개
14. 54조각
15. 18자루
16. 48명
17. 30마리

---

11 일차

6. 7단 곱셈구구

58쪽

1. 21
2. 14
3. 28
4. 42
5. 35
6. 56
7. 21
8. 35
9. 42
10. 49
11. 14
12. 63
13. 28

59쪽

14. 14, 4, 5, 56, 63
15. 7, 21, 6, 7, 9
16. 2, 35, 42, 8, 9
17. 1, 28, 5, 49, 56
18. 7, 21, 28, 6, 7
19. 2, 3, 4, 8, 63

---

12 일차

6. 7단 곱셈구구

60쪽

1. 21
2. 63
3. 42
4. 28
5. 49
6. 14
7. 8
8. 5
9. 2
10. 7
11. 4
12. 3

61쪽

13. 14개
14. 28 cm
15. 35개
16. 42자루
17. 56개

13일차   7. 8단 곱셈구구

62쪽

1. 24
2. 48
3. 40
4. 16
5. 32

6. 48
7. 40
8. 32
9. 56
10. 16
11. 72
12. 64
13. 24

63쪽

14. 2, 32, 40, 56, 9
15. 8, 16, 5, 8, 72
16. 1, 24, 6, 64, 72
17. 3, 4, 48, 7, 9
18. 16, 32, 5, 7, 8
19. 8, 24, 6, 56, 64

14일차   7. 8단 곱셈구구

64쪽

1. 40
2. 48
3. 24
4. 56
5. 16
6. 32

7. 3
8. 2
9. 8
10. 9
11. 5
12. 6

65쪽

13. 56명
14. 48개
15. 24명
16. 32개
17. 64권

15일차   8. 9단 곱셈구구

66쪽

1. 54
2. 36
3. 18
4. 45
5. 27

6. 63
7. 45
8. 36
9. 27
10. 81
11. 54
12. 72
13. 18

67쪽

14. 18, 27, 6, 8, 81
15. 9, 3, 36, 72, 9
16. 2, 36, 5, 54, 63
17. 1, 18, 4, 6, 7
18. 9, 3, 45, 7, 9
19. 27, 5, 63, 8, 81

16 일차　8. 9단 곱셈구구

68쪽

1 36
2 72
3 45
4 27
5 63
6 81

7 8
8 6
9 2
10 5
11 4
12 7

69쪽

13 27명
14 36 cm
15 63권
16 81개
17 45장

17 일차　9. 2~9단 곱셈구구

70쪽

1 6
2 12
3 20
4 30
5 12
6 21
7 64
8 45

9 8
10 15
11 24
12 35
13 18
14 28
15 56
16 54

17 4
18 21
19 32
20 15
21 36
22 63
23 40
24 18

71쪽

25 27
26 30
27 42
28 20
29 16
30 12

31 18
32 24
33 14
34 81
35 36
36 40

18 일차　9. 2~9단 곱셈구구

72쪽

1 8
2 3
3 4
4 2
5 5
6 7
7 3
8 4

9 9
10 8
11 7
12 8
13 4
14 2
15 9
16 3

17 6
18 2
19 3
20 5
21 9
22 8
23 6
24 7

73쪽

25 3
26 8
27 9
28 5
29 7

30 5
31 2
32 8
33 4
34 9

9. 2~9단 곱셈구구

74쪽

1 (위에서부터) 8, 12
2 (위에서부터) 14, 18
3 (위에서부터) 6, 18
4 (위에서부터) 20, 36
5 (위에서부터) 15, 25

6 (위에서부터) 18, 54
7 (위에서부터) 24, 42
8 (위에서부터) 49, 56
9 (위에서부터) 24, 40
10 (위에서부터) 45, 54

75쪽

11 5
12 8
13 7
14 2
15 4
16 6

17 7
18 8
19 8
20 3
21 9
22 2

10. 1단 곱셈구구와 0의 곱

76쪽

1 3
2 4
3 2
4 6
5 5

6 0
7 0
8 0
9 0
10 0
11 0
12 0

77쪽

13 2
14 4
15 8
16 3
17 7
18 5
19 9
20 6

21 0
22 0
23 0
24 0
25 0
26 0
27 0
28 0

29 5
30 7
31 4
32 6
33 0
34 0
35 0
36 0

10. 1단 곱셈구구와 0의 곱

78쪽

1 7
2 6
3 4
4 8
5 0
6 0

7 2
8 9
9 5
10 3
11 0
12 0

79쪽

13 6개
14 5개
15 7컵
16 0점
17 0점

80쪽

1

×	1	2	3	4	5	6
1	1	2	3	4	5	6

2

×	1	2	3	4	5	6
2	2	4	6	8	10	12

3

×	1	2	3	4	5	6
3	3	6	9	12	15	18

4

×	1	2	3	4	5	6
4	4	8	12	16	20	24

5

×	1	2	3	4	5	6
5	5	10	15	20	25	30

6

×	1	2	3	4	5	6
6	6	12	18	24	30	36

7

×	1	2	3	4	5	6
7	7	14	21	28	35	42

8

×	1	2	3	4	5	6
8	8	16	24	32	40	48

9

×	1	2	3	4	5	6
9	9	18	27	36	45	54

81쪽

10

×	3	6	9
1	3	6	9
3	9	18	27
4	12	24	36

11

×	3	6	9
5	15	30	45
6	18	36	54
7	21	42	63

12

×	1	4	8
2	2	8	16
5	5	20	40
9	9	36	72

13

×	1	4	8
1	1	4	8
3	3	12	24
7	7	28	56

14

×	5	6	7
2	10	12	14
6	30	36	42
8	40	48	56

15

×	5	6	7
3	15	18	21
4	20	24	28
9	45	54	63

16

×	2	3	9
2	4	6	18
5	10	15	45
8	16	24	72

17

×	2	3	9
3	6	9	27
7	14	21	63
9	18	27	81

18

×	2	5	8
1	2	5	8
4	8	20	32
6	12	30	48

19

×	2	5	8
5	10	25	40
8	16	40	64
9	18	45	72

20

×	4	6	7
1	4	6	7
6	24	36	42
7	28	42	49

21

×	4	6	7
2	8	12	14
4	16	24	28
8	32	48	56

82쪽

1

×	0	1	2	3	4	5
0	0	0	0	0	0	0

2

×	0	1	2	3	4	5
1	0	1	2	3	4	5

3

×	0	1	2	3	4	5
3	0	3	6	9	12	15

4

×	0	1	2	3	4	5
5	0	5	10	15	20	25

5

×	0	1	2	3	4	5
6	0	6	12	18	24	30

6

×	0	1	2	3	4	5
7	0	7	14	21	28	35

7

×	0	1	2	3	4	5
8	0	8	16	24	32	40

8

×	4	5	6	7	8	9
1	4	5	6	7	8	9

9

×	4	5	6	7	8	9
2	8	10	12	14	16	18

10

×	4	5	6	7	8	9
4	16	20	24	28	32	36

11

×	4	5	6	7	8	9
6	24	30	36	42	48	54

12

×	4	5	6	7	8	9
7	28	35	42	49	56	63

13

×	4	5	6	7	8	9
8	32	40	48	56	64	72

14

×	4	5	6	7	8	9
9	36	45	54	63	72	81

83쪽

15

×	1	6	7
4	4	24	28
5	5	30	35
6	6	36	42

16

×	1	6	7
2	2	12	14
7	7	42	49
9	9	54	63

17

×	2	3	8
1	2	3	8
4	8	12	32
8	16	24	64

18

×	2	3	8
3	6	9	24
5	10	15	40
9	18	27	72

19

×	4	5	9
1	4	5	9
2	8	10	18
9	36	45	81

20

×	4	5	9
4	16	20	36
7	28	35	63
8	32	40	72

21

×	1	3	4
2	2	6	8
3	3	9	12
4	4	12	16

22

×	1	3	4
5	5	15	20
6	6	18	24
7	7	21	28

23

×	2	5	7
1	2	5	7
2	4	10	14
8	16	40	56

24

×	2	5	7
3	6	15	21
6	12	30	42
7	14	35	49

25

×	6	8	9
2	12	16	18
6	36	48	54
9	54	72	81

26

×	6	8	9
3	18	24	27
5	30	40	45
7	42	56	63

84쪽

1

×	1	4	5	6	8	9
1	1	4	5	6	8	9

2

×	1	4	5	6	8	9
2	2	8	10	12	16	18

3

×	1	4	5	6	8	9
4	4	16	20	24	32	36

4

×	1	4	5	6	8	9
5	5	20	25	30	40	45

5

×	1	4	5	6	8	9
6	6	24	30	36	48	54

6

×	1	4	5	6	8	9
7	7	28	35	42	56	63

7

×	1	4	5	6	8	9
8	8	32	40	48	64	72

8

×	2	3	5	7	8	9
0	0	0	0	0	0	0

9

×	2	3	5	7	8	9
3	6	9	15	21	24	27

10

×	2	3	5	7	8	9
5	10	15	25	35	40	45

11

×	2	3	5	7	8	9
6	12	18	30	42	48	54

12

×	2	3	5	7	8	9
7	14	21	35	49	56	63

13

×	2	3	5	7	8	9
8	16	24	40	56	64	72

14

×	2	3	5	7	8	9
9	18	27	45	63	72	81

85쪽

15

×	2	3	4	5	6
3	6	9	12	15	18
4	8	12	16	20	24
5	10	15	20	25	30
6	12	18	24	30	36
7	14	21	28	35	42

16

×	5	6	7	8	9
2	10	12	14	16	18
3	15	18	21	24	27
4	20	24	28	32	36
5	25	30	35	40	45
6	30	36	42	48	54

17

×	1	2	3	4	5
2	2	4	6	8	10
3	3	6	9	12	15
4	4	8	12	16	20
5	5	10	15	20	25
6	6	12	18	24	30

18

×	3	4	5	6	7
3	9	12	15	18	21
4	12	16	20	24	28
5	15	20	25	30	35
6	18	24	30	36	42
7	21	28	35	42	49

1 12
2 21
3 32
4 25
5 24
6 54
7 21
8 49

9 24
10 48
11 18
12 27
13 4
14 6
15 0
16 0

17 8
18 6
19 9
20 4
21 3
22 5
23 7
24 0

25 (위에서부터) 10, 18
26 (위에서부터) 12, 15
27 (위에서부터) 12, 28
28 (위에서부터) 10, 15
29 (위에서부터) 9, 8

30 7
31 6
32 0

33

×	1	2	3
2	2	4	6
3	3	6	9
5	5	10	15

34

×	4	5	6
4	16	20	24
7	28	35	42
9	36	45	54

35 21개
36 8개
37 40명
38 12개
39 45살
40 3점
41 0마리

3. 길이 재기

01 일차 **1. m와 cm 단위 사이의 관계**

90쪽

1 200
2 300
3 500
4 600
5 800

6 900
7 1000
8 1100
9 1300
10 1500
11 3
12 4

13 5
14 7
15 8
16 9
17 12
18 14
19 16

91쪽

20 150
21 160
22 210
23 340
24 420
25 590
26 630
27 780

28 1, 70
29 1, 80
30 2, 50
31 3, 10
32 4, 60
33 5, 30
34 6, 20
35 7, 90

---

02 일차 **1. m와 cm 단위 사이의 관계**

92쪽

1 164
2 205
3 312
4 453
5 508
6 576
7 627
8 819

9 2, 31
10 3, 95
11 4, 6
12 5, 14
13 5, 68
14 6, 9
15 7, 23
16 9, 87

93쪽

17 190 cm
18 285 cm
19 378 cm
20 1 m 45 cm
21 2 m 52 cm
22 6 m 80 cm

---

03 일차 **2. 받아올림이 없는 길이의 덧셈**

94쪽

1 4, 50
2 5, 30
3 4, 70
4 7, 90
5 7, 70

6 2, 33
7 4, 75
8 5, 66
9 7, 45
10 7, 93
11 8, 68
12 8, 85

95쪽

13 3, 98
14 5, 63
15 5, 80
16 6, 60
17 8, 54
18 8, 72
19 7, 92

20 9, 80
21 10, 84
22 11, 34
23 16, 80
24 14, 65
25 17, 83
26 13, 74

2. 받아올림이 없는 길이의 덧셈

96쪽

1 3, 30
2 6, 80
3 6, 90
4 8, 70
5 8, 50
6 8, 60
7 9, 80

8 2, 87
9 5, 42
10 7, 98
11 6, 58
12 9, 77
13 9, 73
14 9, 95

97쪽

15 8, 94
16 4, 83
17 6, 89
18 7, 86
19 9, 58
20 9, 60
21 7, 75

22 12, 50
23 14, 92
24 14, 85
25 9, 86
26 8, 93
27 10, 74
28 16, 90

2. 받아올림이 없는 길이의 덧셈

98쪽

1 3 m 80 cm
2 6 m 90 cm
3 5 m 67 cm
4 7 m 56 cm
5 9 m 68 cm
6 7 m 59 cm
7 8 m 75 cm
8 6 m 92 cm

9 9 m 78 cm
10 11 m 55 cm
11 8 m 73 cm
12 9 m 61 cm
13 10 m 99 cm
14 9 m 33 cm
15 12 m 87 cm
16 10 m 74 cm

99쪽

17 3 m 34 cm
18 2 m 55 cm
19 2 m 85 cm
20 7 m 80 cm
21 36 m 70 cm

3. 받아올림이 있는 길이의 덧셈

100쪽

1 5, 10
2 6, 30
3 7, 20
4 7, 50
5 8, 40

6 4, 3
7 5, 10
8 5, 46
9 9, 59
10 7, 10
11 9, 38
12 8, 13

101쪽

13 4, 20
14 7, 46
15 6, 12
16 9, 7
17 6, 68
18 9, 1
19 6, 25

20 9, 15
21 12, 14
22 16, 55
23 10, 12
24 11, 30
25 13, 41
26 15, 69

3. 받아올림이 있는 길이의 덧셈

1 5, 40	**8** 7, 7	**15** 4, 58	**22** 8, 25
2 7, 30	**9** 9, 12	**16** 8, 46	**23** 9, 60
3 7, 60	**10** 6, 52	**17** 8, 17	**24** 11, 20
4 6, 10	**11** 8, 42	**18** 9, 20	**25** 14, 2
5 9, 20	**12** 9, 27	**19** 7, 19	**26** 13, 5
6 8, 30	**13** 8, 14	**20** 9, 45	**27** 11, 7
7 8, 80	**14** 9, 38	**21** 9, 33	**28** 13, 21

3. 받아올림이 있는 길이의 덧셈

1 5 m 10 cm	**9** 10 m 8 cm	**17** 3 m 45 cm
2 6 m 40 cm	**10** 13 m	**18** 3 m 50 cm
3 9 m 24 cm	**11** 9 m 10 cm	**19** 4 m 10 cm
4 5 m 19 cm	**12** 12 m 30 cm	**20** 5 m 28 cm
5 9 m 28 cm	**13** 11 m 23 cm	**21** 53 m 20 cm
6 8 m 50 cm	**14** 10 m	
7 7 m 13 cm	**15** 14 m 15 cm	
8 7 m 16 cm	**16** 10 m 3 cm	

4. 길이의 덧셈

1 4, 91	**8** 6, 50	**15** 5, 40	**22** 9, 20
2 6, 80	**9** 9, 83	**16** 9, 60	**23** 7, 5
3 6, 67	**10** 6, 96	**17** 7, 50	**24** 8, 40
4 5, 80	**11** 9, 88	**18** 8, 16	**25** 9, 26
5 5, 98	**12** 8, 90	**19** 6, 10	**26** 12, 15
6 7, 60	**13** 10, 35	**20** 6, 13	**27** 10, 38
7 6, 38	**14** 9, 55	**21** 6, 30	**28** 12, 3

10일차   4. 길이의 덧셈

108쪽

1. 7 m 68 cm
2. 3 m 40 cm
3. 4 m 94 cm
4. 5 m 90 cm
5. 6 m 86 cm
6. 6 m 43 cm
7. 5 m 80 cm
8. 6 m 75 cm
9. 7 m 81 cm
10. 8 m 83 cm
11. 7 m 99 cm
12. 8 m 89 cm
13. 7 m 82 cm
14. 8 m 62 cm
15. 14 m 64 cm
16. 13 m 56 cm

109쪽

17. 5 m 26 cm
18. 7 m 8 cm
19. 5 m 20 cm
20. 9 m 57 cm
21. 6 m 5 cm
22. 9 m 30 cm
23. 8 m 10 cm
24. 9 m 45 cm
25. 9 m 11 cm
26. 7 m 39 cm
27. 9 m 16 cm
28. 8 m 24 cm
29. 9 m 2 cm
30. 13 m 84 cm

11일차   4. 길이의 덧셈

110쪽

1. 5 m 90 cm
2. 5 m 60 cm
3. 6 m 64 cm
4. 6 m 30 cm
5. 6 m 78 cm
6. 8 m 45 cm
7. 8 m 90 cm
8. 9 m 10 cm
9. 5 m 18 cm
10. 8 m 8 cm
11. 8 m 10 cm
12. 9 m 60 cm
13. 12 m 24 cm
14. 11 m 23 cm

111쪽

15. 3 m 89 cm
16. 5 m 42 cm
17. 5 m 79 cm
18. 5 m 80 cm
19. 7 m 85 cm
20. 7 m 69 cm
21. 7 m 5 cm
22. 6 m 30 cm
23. 9 m 19 cm
24. 9 m 60 cm
25. 7 m
26. 9 m 7 cm

12일차   5. 받아내림이 없는 길이의 뺄셈

112쪽

1. 1, 30
2. 1, 60
3. 4, 10
4. 3, 10
5. 5, 30
6. 1, 46
7. 3, 17
8. 1, 17
9. 2, 14
10. 1, 50
11. 4, 20
12. 8, 66

113쪽

13. 2, 15
14. 2, 52
15. 1, 10
16. 2, 62
17. 5, 25
18. 3, 24
19. 3, 50
20. 4, 49
21. 3, 22
22. 2, 38
23. 5, 65
24. 2, 47
25. 4, 7
26. 2, 45

5. 받아내림이 없는 길이의 뺄셈

114쪽

1 2, 20
2 5, 10
3 3, 60
4 3, 30
5 5, 30
6 6, 60
7 5, 40

8 1, 45
9 2, 13
10 4, 63
11 3, 28
12 2, 11
13 4, 34
14 6, 62

115쪽

15 2, 9
16 1, 53
17 1, 24
18 2, 60
19 6, 39
20 7, 36
21 1, 27

22 4, 2
23 7, 48
24 2, 24
25 7, 8
26 3, 38
27 5, 27
28 8, 69

5. 받아내림이 없는 길이의 뺄셈

116쪽

1 1 m 10 cm
2 2 m 40 cm
3 1 m 9 cm
4 4 m 22 cm
5 2 m 20 cm
6 3 m 27 cm
7 2 m 36 cm
8 5 m 13 cm

9 3 m 10 cm
10 5 m 37 cm
11 7 m 70 cm
12 5 m 34 cm
13 4 m 26 cm
14 5 m 25 cm
15 5 m 3 cm
16 12 m 48 cm

117쪽

17 53 cm
18 1 m 40 cm
19 1 m 20 cm
20 2 m 26 cm
21 5 m 65 cm

6. 받아내림이 있는 길이의 뺄셈

118쪽

1 1, 70
2 1, 60
3 3, 80
4 2, 50
5 4, 80

6 1, 78
7 1, 64
8 2, 55
9 1, 84
10 3, 86
11 4, 60
12 3, 59

119쪽

13 1, 51
14 2, 93
15 2, 87
16 3, 60
17 1, 65
18 3, 49
19 4, 82

20 2, 49
21 5, 96
22 4, 41
23 5, 65
24 8, 91
25 6, 50
26 8, 43

16 일차   6. 받아내림이 있는 길이의 뺄셈

120쪽

1 1, 50
2 1, 60
3 2, 80
4 4, 60
5 3, 90
6 1, 60
7 7, 80

8 3, 84
9 1, 93
10 2, 58
11 2, 53
12 5, 76
13 5, 65
14 4, 82

121쪽

15 1, 66
16 2, 37
17 2, 61
18 3, 54
19 3, 74
20 4, 52
21 3, 26

22 2, 96
23 1, 79
24 7, 81
25 3, 50
26 2, 88
27 2, 68
28 6, 83

17 일차   6. 받아내림이 있는 길이의 뺄셈

122쪽

1 1 m 70 cm
2 1 m 80 cm
3 2 m 50 cm
4 3 m 86 cm
5 3 m 70 cm
6 1 m 94 cm
7 1 m 73 cm
8 4 m 50 cm

9 6 m 55 cm
10 3 m 88 cm
11 2 m 93 cm
12 6 m 91 cm
13 2 m 42 cm
14 4 m 76 cm
15 2 m 83 cm
16 1 m 84 cm

123쪽

17 1 m 53 cm
18 71 cm
19 2 m 30 cm
20 2 m 80 cm
21 10 m 45 cm

18 일차   7. 길이의 뺄셈

124쪽

1 1, 35
2 2, 30
3 1, 7
4 2, 60
5 5, 8
6 5, 54
7 3, 16

8 6, 25
9 5, 45
10 5, 29
11 7, 44
12 4, 21
13 4, 6
14 7, 33

125쪽

15 1, 66
16 2, 39
17 1, 61
18 2, 89
19 4, 93
20 3, 87
21 2, 40

22 4, 53
23 4, 71
24 2, 46
25 6, 67
26 3, 82
27 6, 57
28 5, 53

19 일차 7. 길이의 뺄셈

126쪽

1 1 m 20 cm
2 3 m 10 cm
3 2 m 20 cm
4 3 m 30 cm
5 2 m 48 cm
6 3 m 55 cm
7 5 m 56 cm
8 6 m 26 cm

9 4 m 61 cm
10 2 m 27 cm
11 5 m 38 cm
12 3 m 26 cm
13 5 m 22 cm
14 3 m 17 cm
15 4 m 9 cm
16 6 m 27 cm

127쪽

17 2 m 40 cm
18 2 m 38 cm
19 1 m 50 cm
20 1 m 89 cm
21 2 m 90 cm
22 4 m 89 cm
23 1 m 61 cm

24 5 m 35 cm
25 2 m 83 cm
26 5 m 48 cm
27 4 m 60 cm
28 6 m 54 cm
29 2 m 55 cm
30 1 m 37 cm

20 일차 7. 길이의 뺄셈

128쪽

1 1 m
2 2 m 46 cm
3 3 m 40 cm
4 5 m 11 cm
5 6 m 6 cm
6 5 m 20 cm
7 7 m 10 cm

8 1 m 80 cm
9 1 m 50 cm
10 2 m 43 cm
11 67 cm
12 1 m 67 cm
13 3 m 85 cm
14 7 m 82 cm

129쪽

15 2 m 20 cm
16 2 m 19 cm
17 3 m 30 cm
18 5 m 13 cm

19 4 m 50 cm
20 7 m 57 cm
21 2 m 89 cm
22 1 m 90 cm

23 4 m 30 cm
24 4 m 33 cm
25 3 m 69 cm
26 2 m 77 cm

21 일차 8. 길이의 덧셈과 뺄셈

130쪽

1 6, 30
2 5, 90
3 7, 68
4 8, 96
5 7, 88
6 9, 64
7 11, 93

8 8, 10
9 6, 50
10 9, 35
11 9, 45
12 9, 8
13 7, 34
14 10, 57

131쪽

15 1, 60
16 1, 10
17 3, 13
18 4, 36
19 6, 15
20 2, 8
21 5, 21

22 1, 60
23 1, 70
24 4, 95
25 3, 75
26 3, 68
27 6, 59
28 2, 43

22 일차 — 8. 길이의 덧셈과 뺄셈

132쪽

1 8 m 40 cm
2 5 m 70 cm
3 7 m 59 cm
4 7 m 83 cm
5 7 m 71 cm
6 7 m 94 cm
7 10 m 71 cm
8 12 m 94 cm
9 6 m
10 9 m 20 cm
11 8 m 30 cm
12 6 m 17 cm
13 8 m 36 cm
14 7 m 22 cm
15 12 m 5 cm
16 11 m 4 cm

133쪽

17 2 m 10 cm
18 2 m 40 cm
19 4 m 43 cm
20 2 m 4 cm
21 5 m 25 cm
22 2 m 39 cm
23 4 m 40 cm
24 2 m 70 cm
25 1 m 70 cm
26 3 m 85 cm
27 1 m 40 cm
28 4 m 60 cm
29 4 m 89 cm
30 3 m 99 cm

23 일차 — 8. 길이의 덧셈과 뺄셈

134쪽

1 3 m 50 cm
2 7 m 90 cm
3 5 m 70 cm
4 7 m 48 cm
5 10 m 92 cm
6 7 m 92 cm
7 9 m 74 cm
8 6 m 10 cm
9 8 m 40 cm
10 8 m 16 cm
11 6 m 43 cm
12 9 m 71 cm
13 8 m 26 cm
14 11 m 7 cm

135쪽

15 1 m 50 cm
16 4 m 8 cm
17 4 m 6 cm
18 4 m 35 cm
19 2 m 41 cm
20 1 m 40 cm
21 1 m 82 cm
22 4 m 90 cm
23 3 m 27 cm
24 1 m 88 cm

24 일차 — 연산&문장제 마무리

136쪽

1 2, 80
2 4, 70
3 6, 63
4 9, 90
5 8, 70
6 7, 40
7 5, 4
8 8, 10
9 8, 33
10 7, 39
11 3, 30
12 1, 23
13 5, 24
14 3, 19
15 8, 47
16 1, 40
17 1, 90
18 4, 87
19 3, 39
20 5, 85
21 6, 57

137쪽

22 5 m 80 cm
23 9 m 90 cm
24 5 m 70 cm
25 8 m 41 cm
26 3 m 10 cm
27 5 m 20 cm
28 6 m 16 cm
29 6 m 20 cm
30 2 m 30 cm
31 3 m 10 cm
32 2 m 3 cm
33 4 m 25 cm
34 2 m 80 cm
35 3 m 50 cm
36 5 m 80 cm
37 4 m 65 cm

138쪽

38 235 cm
39 3 m 80 cm
40 5 m 60 cm
41 4 m 10 cm
42 4 m 30 cm
43 1 m 50 cm
44 6 m 75 cm

4. 시각과 시간

01일차 1. 시간과 분 사이의 관계

140쪽

1 120
2 180
3 300
4 360
5 480
6 540

7 600
8 720
9 780
10 900
11 1
12 2

13 3
14 4
15 5
16 6
17 7
18 8
19 11
20 14

141쪽

21 80
22 100
23 110
24 130
25 170
26 190
27 210
28 260

29 1, 30
30 2, 20
31 2, 40
32 3, 20
33 3, 40
34 4, 10
35 4, 30
36 5, 10

02일차 1. 시간과 분 사이의 관계

142쪽

1 75
2 108
3 125
4 143
5 195
6 207
7 228
8 276

9 1, 25
10 2, 17
11 2, 31
12 2, 58
13 3, 6
14 3, 54
15 4, 25
16 4, 52

143쪽

17 70분
18 150분
19 1시간 5분
20 2시간 14분
21 2시간 46분

03일차 2. 하루의 시간 알아보기

144쪽

1 48
2 72
3 96
4 120
5 144

6 168
7 192
8 216
9 240
10 288
11 1
12 3

13 4
14 5
15 7
16 8
17 9
18 11
19 13

145쪽

20 28
21 34
22 39
23 49
24 56
25 60
26 77
27 92

28 1, 2
29 1, 11
30 1, 16
31 2, 2
32 2, 14
33 3, 3
34 3, 8
35 3, 18

04 일차 2. 하루의 시간 알아보기

146쪽

1 30

2 36

3 55

4 73

5 1, 19

6 2, 4

7 2, 15

8 3, 2

9 4

10 8

11 5

12 10

147쪽

13 27시간

14 86시간

15 1일 5시간

16 4일 7시간

17 7일 2시간

05 일차 3. 1주일 알아보기

148쪽

1 14

2 21

3 28

4 42

5 49

6 56

7 63

8 70

9 77

10 84

11 1

12 3

13 4

14 5

15 7

16 8

17 9

18 13

19 14

149쪽

20 9

21 12

22 15

23 19

24 23

25 31

26 34

27 37

28 1, 3

29 2, 2

30 2, 6

31 3, 5

32 4, 1

33 4, 4

34 5, 3

35 6, 1

06 일차 3. 1주일 알아보기

150쪽

1 11

2 18

3 22

4 30

5 3, 3

6 3, 6

7 5, 4

8 6, 5

9 월

10 화

11 1

12 9

13 15

14 23

15 22

16 30

151쪽

17 50일

18 2주일 3일

19 3주일 4일

20 18일

21 31일

07일차　4. 1년 알아보기

152쪽

1. 24
2. 48
3. 60
4. 72
5. 84

6. 108
7. 120
8. 132
9. 144
10. 156
11. 1
12. 2

13. 3
14. 5
15. 6
16. 7
17. 8
18. 9
19. 14

153쪽

20. 14
21. 23
22. 27
23. 29
24. 37
25. 45
26. 52
27. 58

28. 1, 3
29. 1, 8
30. 2, 2
31. 2, 6
32. 3, 3
33. 3, 10
34. 4, 7
35. 4, 11

08일차　4. 1년 알아보기

154쪽

1. 17
2. 21
3. 31
4. 34
5. 40
6. 42
7. 54
8. 63

9. 1, 6
10. 1, 10
11. 2, 4
12. 2, 8
13. 3, 5
14. 3, 11
15. 4, 9
16. 5, 1

155쪽

17. 44개월
18. 125개월
19. 1년 7개월
20. 2년 1개월
21. 3년 2개월

09일차　연산&문장제 마무리

156쪽

1. 73
2. 115
3. 147
4. 185
5. 1, 45
6. 1, 58
7. 3, 22
8. 4, 15

9. 32
10. 38
11. 53
12. 76
13. 1, 1
14. 1, 13
15. 2, 3
16. 2, 17

157쪽

17. 13
18. 33
19. 36
20. 44
21. 2, 4
22. 4, 2
23. 5, 6
24. 6, 3

25. 16
26. 33
27. 43
28. 53
29. 1, 1
30. 2, 11
31. 4, 3
32. 5, 2

158쪽

33. 67분
34. 2시간 25분
35. 78시간
36. 2일 22시간
37. 40일
38. 7주일 2일
39. 4년 8개월

5. 규칙 찾기

01일차 **1. 덧셈표에서 규칙 찾기**

160쪽

1

+	0	1	2
0	0	1	2
1	1	2	3
2	2	3	4

2

+	3	4	5
3	6	7	8
4	7	8	9
5	8	9	10

3

+	6	7	8
6	12	13	14
7	13	14	15
8	14	15	16

4

+	1	3	5
1	2	4	6
3	4	6	8
5	6	8	10

5

+	2	4	6
2	4	6	8
4	6	8	10
6	8	10	12

6

+	1	4	7
1	2	5	8
4	5	8	11
7	8	11	14

7

+	2	5	8
2	4	7	10
5	7	10	13
8	10	13	16

8

+	3	6	9
3	6	9	12
6	9	12	15
9	12	15	18

161쪽

9 1, 1, 2
10 1, 1, 2
11 2, 2, 4
12 2, 2, 4

162쪽

1

+	1	2	3
1	2	3	4
2	3	4	5
3	4	5	6

5

+	5	7	9
5	10	12	14
7	12	14	16
9	14	16	18

9

+	1	3	5
1	2	4	6
2	3	5	7
3	4	6	8

2

+	4	5	6
4	8	9	10
5	9	10	11
6	10	11	12

6

+	0	3	6
0	0	3	6
3	3	6	9
6	6	9	12

10

+	2	4	6
3	5	7	9
6	8	10	12
9	11	13	15

3

+	7	8	9
7	14	15	16
8	15	16	17
9	16	17	18

7

+	0	4	8
0	0	4	8
4	4	8	12
8	8	12	16

11

+	3	5	7
4	7	9	11
6	9	11	13
8	11	13	15

4

+	4	6	8
4	8	10	12
6	10	12	14
8	12	14	16

8

+	1	5	9
1	2	6	10
5	6	10	14
9	10	14	18

12

+	0	4	8
5	5	9	13
7	7	11	15
9	9	13	17

163쪽

13 3, 3, 6
14 1, 2, 3
15 3, 2, 5
16 2, 2, 4

164쪽

1

×	0	1	2
0	0	0	0
1	0	1	2
2	0	2	4

2

×	3	4	5
3	9	12	15
4	12	16	20
5	15	20	25

3

×	6	7	8
6	36	42	48
7	42	49	56
8	48	56	64

4

×	1	3	5
1	1	3	5
3	3	9	15
5	5	15	25

5

×	2	4	6
2	4	8	12
4	8	16	24
6	12	24	36

6

×	1	4	7
1	1	4	7
4	4	16	28
7	7	28	49

7

×	2	5	8
2	4	10	16
5	10	25	40
8	16	40	64

8

×	3	6	9
3	9	18	27
6	18	36	54
9	27	54	81

165쪽

9 3, 5
10 8, 9
11 4, 8
12 14, 6

166쪽

1

×	1	2	3
1	1	2	3
2	2	4	6
3	3	6	9

2

×	4	5	6
4	16	20	24
5	20	25	30
6	24	30	36

3

×	7	8	9
7	49	56	63
8	56	64	72
9	63	72	81

4

×	4	6	8
4	16	24	32
6	24	36	48
8	32	48	64

5

×	5	7	9
5	25	35	45
7	35	49	63
9	45	63	81

6

×	0	3	6
0	0	0	0
3	0	9	18
6	0	18	36

7

×	0	4	8
0	0	0	0
4	0	16	32
8	0	32	64

8

×	1	5	9
1	1	5	9
5	5	25	45
9	9	45	81

9

×	1	3	5
1	1	3	5
2	2	6	10
3	3	9	15

10

×	2	4	6
3	6	12	18
6	12	24	36
9	18	36	54

11

×	3	5	7
4	12	20	28
6	18	30	42
8	24	40	56

12

×	0	4	8
5	0	20	40
7	0	28	56
9	0	36	72

167쪽

13 6, 14
14 16, 12
15 3, 1
16 5, 8

168쪽

1

+	0	1	2	3
1	1	2	3	4
2	2	3	4	5
3	3	4	5	6
4	4	5	6	7

2

+	2	3	4	5
3	5	6	7	8
4	6	7	8	9
5	7	8	9	10
6	8	9	10	11

3

+	4	5	6	7
5	9	10	11	12
6	10	11	12	13
7	11	12	13	14
8	12	13	14	15

4

+	5	6	7	8
6	11	12	13	14
7	12	13	14	15
8	13	14	15	16
9	14	15	16	17

5

+	1	3	5	7
0	1	3	5	7
2	3	5	7	9
4	5	7	9	11
6	7	9	11	13

6

+	1	3	5	7
0	1	3	5	7
3	4	6	8	10
6	7	9	11	13
9	10	12	14	16

7

+	2	4	6	8
1	3	5	7	9
3	5	7	9	11
5	7	9	11	13
7	9	11	13	15

8

+	2	4	6	8
4	6	8	10	12
5	7	9	11	13
6	8	10	12	14
7	9	11	13	15

169쪽

9

×	0	1	2	3
1	0	1	2	3
2	0	2	4	6
3	0	3	6	9
4	0	4	8	12

10

×	2	3	4	5
3	6	9	12	15
4	8	12	16	20
5	10	15	20	25
6	12	18	24	30

11

×	4	5	6	7
5	20	25	30	35
6	24	30	36	42
7	28	35	42	49
8	32	40	48	56

12

×	5	6	7	8
6	30	36	42	48
7	35	42	49	56
8	40	48	56	64
9	45	54	63	72

13

×	1	3	5	7
0	0	0	0	0
2	2	6	10	14
4	4	12	20	28
6	6	18	30	42

14

×	1	3	5	7
0	0	0	0	0
3	3	9	15	21
6	6	18	30	42
9	9	27	45	63

15

×	2	4	6	8
1	2	4	6	8
3	6	12	18	24
5	10	20	30	40
7	14	28	42	56

16

×	2	4	6	8
4	8	16	24	32
5	10	20	30	40
6	12	24	36	48
7	14	28	42	56

170쪽

17 1, 1, 2

18 1, 2, 3

19 8, 2

20 5, 10

풍산자
연산
초등 수학 2·2

중학 풍산자로 개념과 문제를 꼼꼼히 풀면 성적이 지속적으로 향상됩니다

상위권으로의 도약을 위한 중학 풍산자 로드맵

원리 개념서	기초 반복 훈련서	실전 평가 테스트	실전 문제 유형서
▶ 풍산자 개념완성	▶ 풍산자 반복수학	▶ 풍산자 테스트북	▶ 풍산자 필수유형

중학 풍산자 교재	하	중하	중	상
원리 개념서 **풍산자 개념완성**	필수 문제로 개념 정복, 개념 학습 완성			
기초 반복훈련서 **풍산자 반복수학**	개념 및 기본 연산 정복, 기초 실력 완성			
실전 평가 테스트 **풍산자 테스트북**		단원별 엄선 문제, 실력 점검 및 실전 대비		
실전 문제유형서 **풍산자 필수유형**			모든 기출 유형 정복, 시험 준비 완료	

지학사 초등 국어

자신감
시리즈

1~6단계
어휘력 자신감

하루 15분 즐거운 공부 습관

- 속담, 관용어, 한자 성어, 교과 어휘, 한자 어휘가 담긴 재미있는 글을 통한 어휘·어법 공부

- 국어, 사회, 과학 교과서 속 개념 용어를 통한 초등 교과 연계

- 맞춤법, 띄어쓰기, 발음 등 기초 어법 학습 완벽 수록!

1~6단계
독해력 자신감

긴 글은 빠르게! 어려운 글은 쉽게!

- 문학, 독서를 아우르는 흥미로운 주제를 통한 재미있는 독해 연습

- 주요 과목과 예체능 과목의 교과 지식을 통한 전 과목 학습

- 빠르고 쉽게 글을 읽을 수 있는 6개 독해 기술을 통한 독해 비법 전수

3~6단계
문해력 자신감

초등 학습 능력 향상의 비결

- 교과 내용과 연계된 다양한 영역, 주제의 지문 수록

- 글의 구조화 및 교과 개념과 관련된 배경지식의 확장

- 창의+융합 코너를 통한 융합 사고력, 문제 해결력 향상